萨巴蒂娜◎主编

0-3岁宝宝营养辅食全攻略

自然健康，
有准备的辅食添加合辑

卷首语

跟宝宝说

宝宝像天使，降临到我们这个家里。从见到宝宝的这一天开始，我们就要跟宝宝一同成长、学习。

看着这个柔软的、散发着奶香的小家伙快速成长，几天、两周、3个月、半岁……简直一天一个样儿。

你的成长肉眼可见，你的食量也从一勺、两勺，到跟小大人一样的饭量。

喜欢你摇头晃脑吃不够、开怀大笑的样子。

喜欢你一听到"开饭啦"，就"嗖嗖"地从玩具堆里爬过来，认真品味食物的样子。

喜欢你自主吃饭时，弄得满身、满脸、满餐桌的食物，直接被拎走洗澡的样子。

回看曾经的哺育之路，虽然可能有遗憾，但庆幸给你的每一口辅食都是对的，也养成了你良好的饮食习惯。

你的小脸红扑扑的，活力充沛。因为你吃饭吃得好，还被邻居阿姨请去陪她那挑食的宝宝一起吃饭，做个好榜样。

看到你的笑脸，听到你的声音，看着你茁壮成长……世界上真没有什么比这更让人幸福和满足的了。

0~3岁是宝宝快速成长的阶段，也是新手爸妈最紧张的阶段。做好辅食，关系到宝宝的身体健康，吃得好才能长得好啊。

但愿这本书能给其他新手爸妈一点点帮助，在制作辅食的道路上走得更轻松。

萨巴厨房编辑部

萨巴蒂娜
个人公众订阅号

萨巴厨房是国内知名美食图书工作室。18年来始终坚持将实用、健康、简单、贴近百姓的美食内容，用上佳的品质呈现给每一个读者。

敬请关注萨巴新浪微博 www.weibo.com/sabadina

目　录
CONTENTS

容量对照表

1茶匙固体调料 = 5克　　1茶匙液体调料 = 5毫升
1/2茶匙固体调料 = 2.5克　　1/2茶匙液体调料 = 2.5毫升
1汤匙固体调料 = 15克　　1汤匙液体调料 = 15毫升

初步了解全书　　008
3岁前的科学喂养小问答　　009
关于宝宝辅食的制作　　013
预防宝宝食物过敏　　015
不适合宝宝吃的食物　　016
避免宝宝窒息　　017
注重食品安全　　017
必备工具　　019

第一章　6个月我的宝宝要添加辅食啦

补铁米粉糊
022

小油菜米粉糊
024

番茄米粉糊
026

西蓝花米粉糊
028

土豆泥
030

胡萝卜泥
031

山药泥
032

鸡肉米粉糊
033

牛肉米粉糊
034

猪肉米粉糊
035

蛋黄米粉糊
036

南瓜米粉糊
038

香蕉米粉糊
039

牛油果泥
040

苹果泥
041

梨泥
042

桃泥
043

木瓜泥
044

第二章 7～8个月宝宝长牙啦，加油宝宝

香蕉牛油果泥
046

樱桃苹果泥
047

西蓝花土豆泥
048

紫薯冬瓜泥
050

圆白菜西葫芦莲藕泥
051

玉米蛋黄土豆泥
052

芹菜莴笋甜瓜泥
054

芦笋蛋黄米粉糊
055

南瓜胡萝卜菜花泥
056

菠菜红枣猪肝泥
057

炖苹果鸡肉泥
058

番茄土豆鳕鱼泥
059

杂蔬三文鱼粗泥
060

山药猪肉米粉糊
061

补铁鸡肝青菜粥
062

菠菜蛋黄星星意面
064

羊肉蔬菜爱心面
066

紫薯燕麦小米糊
068

第三章 9～12个月小手越来越灵活，吃饭越来越好

南瓜牛肉粗粒
070

海苔芹菜瘦肉粥
071

翡翠鲜虾疙瘩汤
072

羊肉蔬菜烂面条
074

牛肉彩椒粒粒面
076

茄汁小星星意面
078

宝宝番茄牛肉意面
080

蔬菜小米软饭
082

青菜鸡蛋烂面片
084

白玉肉丸面疙瘩
086

西蓝花鸡肉小方糕
088

鲜虾豆腐饼
090

番茄奶酪蛋饼
092

夹馅玉米粒小饼
094

一口小馄饨
096

全麦馒头
098

宝宝鱼丸
100

宝宝虾肉肠
102

山药鳕鱼饼
104

第四章 1～2岁小·大人一样，什么都想试一试

牛奶燕麦粥
106

豆豆粥
107

干贝菜心粥
108

青菜香菇牛肉烩饭
109

三文鱼菜花剪刀面
110

南瓜土豆软饭团
112

果干羊肉手抓饭
114

蛤蜊星星意面
116

宝宝浇汁拌面
118

牛肉豆腐煎饼
120

005

丝瓜木耳
炖豆腐
121

鲜虾蔬菜蒸糕
122

鱼柳虾粒
南瓜盏
124

番茄肉末土豆泥
126

素炒三丝
128

羊肉丸子汤
129

儿童午餐肉
130

松软发糕
132

云朵水饺
134

原汁鸡汤
136

第五章 2~3岁好好吃饭，健康长大

番茄蛋包饭
138

缤纷米饭
140

什锦肉粒盖浇饭
142

鸡翅杂蔬焖饭
144

番茄炒圆白菜
145

菠菜炒鸡蛋
146

番茄滑鸡
148

缤纷蔬菜炒肉丝
150

香煎酿肉
西葫芦片
152

排骨芸豆汤
154

胡萝卜
玉米浓汤
155

宝宝罗宋汤
156

冬瓜虾仁芹菜羹
158

字母鸡蛋羹
160

紫米饭团餐
162

刺猬饭团餐
164

迷你幼儿园套餐
166

小肉龙
168

可爱造型馒头
170

花生酱拌面餐
172

第六章 宝宝点心厨房 做给宝宝的健康加餐

自制酸奶
水果冰棒
174

南瓜水果奶昔
175

樱桃奶酪蘸酱
176

原味松饼
177

菠菜鸡蛋脆饼
178

小米红枣饼
180

山药红枣银耳糕
182

蒸甜甜圈
184

紫薯仙豆糕
186

宝宝版蛋黄酥
188

初步了解全书

- 一听名字宝宝就爱吃
- 时间、难易度清楚明了
- 烹饪秘籍,让妈妈兼顾美味与健康
- "小魔头"品尝美食也是有情怀的
- 需要用到的食材一目了然,要打有准备的仗
- 详尽直观的操作步骤让妈妈简单上手
- 暖心的喂养贴士助妈妈一臂之力

为了确保菜谱的可操作性,本书的每一道菜都经过我们试做、试吃,并且是现场烹饪后直接拍摄的。

本书每道食谱都有步骤图、烹饪秘籍、烹饪难度和烹饪时间的指引,确保您照着图书一步步操作便可以做出好吃的菜肴。但是具体用量和火候的把握也需要您经验的累积。

10-12个月

7-9个月

6个月

3岁前的科学喂养小问答

✳ 为什么要加辅食

6个月后，单纯的母乳或者配方奶已经不能满足宝宝生长发育的营养需求，这时需要及时添加安全、适合、充足的辅食。同时，宝宝需通过辅食来强化身体各个系统的发育，并且锻炼咀嚼能力和进食技巧。辅食也是宝宝从只吃奶到和大人吃相同饮食的过渡食物。

特别说明：

- 6个月前，母乳或配方奶粉能够满足大多数宝宝的全部营养需求。
- 1岁之前，母乳或配方奶粉仍然是宝宝主要的营养来源。

✳ 什么时候加辅食

辅食添加的时间在6个月左右。这也是目前公认的适宜添加辅食的时间。过早引入辅食可能会引起营养不均衡，也可能会引起宝宝生理和心理的不适。推迟喂养辅食也会产生不良影响，导致宝宝营养缺乏、发育缓慢，尤其是缺铁、缺锌，还会造成宝宝不能及时掌握咀嚼的关键动作。

特别说明：

- 如果有特殊情况需要提前或推迟添加辅食，需要在医生的指导下进行。

❀ 添加辅食的信号是什么

宝宝头部可以挺起来,能够很好地控制头部,能够扶着坐或者靠坐。
对食物表现出兴趣,当勺子靠近时,有张嘴的表现,有咀嚼的动作。
不再用舌头顶出食物(推舌反应消失)。
达到出生体重的 2 倍,总是感到饥饿。
对于大多数宝宝,以上信号要 6 个月左右才能出现。这提示新爸爸新妈妈,给宝宝添加辅食的时机到了。

❀ 添加辅食后,宝宝要喝多少奶

6~12 个月,宝宝的平均喝奶量是每天 600 毫升。1 岁以后,宝宝的平均喝奶量是每天 360 毫升。这里说的是平均值,宝宝喝奶量的减少是一个循序渐进的过程。在宝宝喝奶量一定的情况下,可以参考宝宝的生长发育指标来确认辅食的分量是不是合适。

❀ 不同阶段的辅食质感是什么样子的

幼滑的糊→稠糊→泥蓉状→有颗粒的泥蓉状→软饭

❋ 什么时候可以喝鲜奶

1岁以后可以喝鲜奶。1岁前的宝宝不能用鲜奶代替母乳和配方奶作为营养来源。鲜奶中的营养成分和比例不适合1岁以内的宝宝,会给宝宝的肾脏造成负担。母乳和配方奶能提供更好的营养。1岁以后,大多数宝宝可以吃更多、更丰富的辅食了,奶不再是主要的营养来源,这时宝宝可以喝母乳、配方奶或者鲜奶。

特别注意:

- 1岁之前,鲜牛奶不可以替代母乳或者配方奶作为宝宝的食物,但是少量的牛奶可以在制作辅食时使用。
- 未经巴氏消毒的现挤牛奶、羊奶不要给宝宝喝。刚挤出的生奶含有有害细菌,不能直接饮用。

❋ 什么是手指食物

在宝宝7~8个月时,宝宝会用大拇指和食指抓食物了,为了鼓励宝宝自己动手吃,并练习咀嚼,可以给宝宝吃手指食物。手指食物可以是煮熟的小块儿蔬菜、很软的面包块、切碎的软的水果、蒸熟的三文鱼等。

❋ 什么时候可以喝酸奶

6个月后可以逐渐在辅食中添加酸奶,但对牛奶蛋白质过敏的宝宝要晚一些添加。推荐宝宝吃原味全脂酸奶。

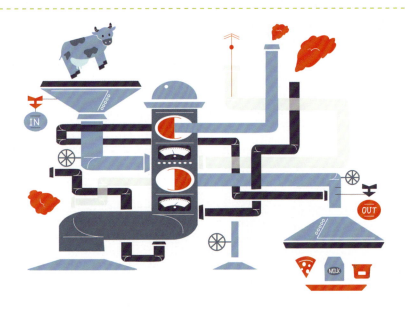

❋ 什么时候开始加盐

1岁以前，宝宝的辅食不需要加盐。1岁以后虽然可以跟随大人一起吃饭，但是1~3岁的宝宝每日盐的摄入量不要超过2克。

❋ 什么时候可以吃生水果

只要宝宝对水果不过敏，大部分宝宝在添加辅食的初期就可以吃细腻的果泥。最好是蒸煮熟的水果，其膳食纤维变软，做成的果泥比较好消化。

❋ 宝宝可以吃奶酪吗

奶酪虽然比牛奶更容易消化，更不容易导致过敏，但是钠含量比较高。添加辅食以后可以偶尔尝试，每次不超过5克，1岁以前要选低盐奶酪（很难买到合适的）。1岁以后，做辅食的时候可以添加少量作为调味。

特别注意：

- 没有经过巴氏杀菌的生牛奶制成的奶酪不要给宝宝吃，可能会有李斯特菌属感染的风险。

❋ 易致敏的食材有哪些

柑橘类水果比较容易引起宝宝过敏，比如橙子、橘子、西柚等。
容易刺激皮肤的食物包括猕猴桃、番茄、菠萝、芒果等。
虾、蟹等壳类海鲜，尤其有家族过敏史者更要谨慎。
易致敏的食物还包括鲜奶、鸡蛋、坚果、大豆、小麦、河鲜、海鲜等。

特别说明：

- 目前新的研究表明，不用刻意延迟添加易致敏食物。
- 大胆尝试丰富的食物，小心观察宝宝是否过敏。

❋ 补铁的辅食有哪些

强化铁的婴儿米糊、瘦肉、家禽、鱼肉、豆类、蛋类、豆腐等。

特别说明：

- 除了富含铁的食物，还要吃富含维生素C的新鲜蔬菜和水果，它们可以促进体内铁的吸收。

关于宝宝辅食的制作

辅食说明

1. 为了避免宝宝缺铁，最初添加的辅食中需要包括含铁丰富的食物，比如含铁米糊，打磨细腻的牛肉、羊肉、鸡肉等。尤其是纯母乳喂养的宝宝，在6个月后母乳中铁的含量逐渐减少，要通过辅食补充铁元素。

2. 宝宝的胃容量很小，在吃得很少的情况下，尽可能地给宝宝提供含有高能量、丰富蛋白质和矿物质（特别是铁）的辅食。比如菜泥就比煮菜水要好；肉泥比肉汤好。

3. 购买新鲜营养的食材，选择颜色各异的蔬菜水果，从而保证孩子可以获得各类营养元素。丰富多样的天然食物还能降低1岁以后的宝宝过敏的概率，培养宝宝对健康饮食的喜好。根据宝宝接受辅食的情况，不断增加新的食物种类是非常有必要的。

4. 丰富的辅食包括谷物主食、蔬菜水果、含优质动植物蛋白的食物、奶制品。

5. 辅食要用小勺喂，不能装在奶瓶里面喂。

制作要点

1. 宝宝的免疫系统发育还不健全，辅食的制作一定要安全卫生。

2. 蔬菜和水果可以用蒸或者少量的水煮，草酸过多的深绿色蔬菜可以汆烫过后再做进一步的处理。

3. 肉类尽量煮软炖烂，根据宝宝自身的咀嚼能力来调整性状，比如肉泥、肉末、肉丁等。

4. 最初的泥糊状辅食，使用辅食机或者家用搅拌机制作就可以。

5 辅食要密封保存，分装冷冻、冷藏。在分装好的辅食包装上标注食物名称和制作日期。

6 1岁之前的宝宝无须额外添加油、盐和糖。

7 3岁以内的宝宝的菜肴中不要添加味精和鸡精。

8 购买市售的半成品食材时需要看配料表，有些食物是含盐的，挑选时注意一下。

辅食添加的分量和时间

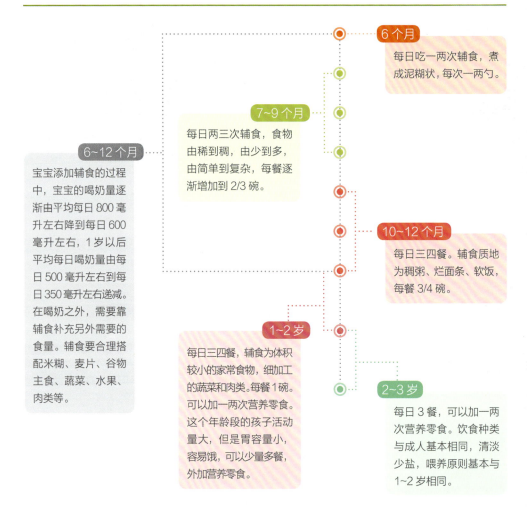

6个月
每日吃一两次辅食，煮成泥糊状，每次一两勺。

7~9个月
每日两三次辅食，食物由稀到稠，由少到多，由简单到复杂，每餐逐渐增加到2/3碗。

10~12个月
每日三四餐。辅食质地为稠粥、烂面条、软饭，每餐3/4碗。

6~12个月
宝宝添加辅食的过程中，宝宝的喝奶量逐渐由平均每日800毫升左右降到每日600毫升左右，1岁以后平均每日喝奶量由每日500毫升左右到每日350毫升左右递减。在喝奶之外，需要靠辅食补充另外需要的食量。辅食要合理搭配米糊、麦片、谷物主食、蔬菜、水果、肉类等。

1~2岁
每日三四餐，辅食为体积较小的家常食物，细加工的蔬菜和肉类。每餐1碗。可以加一两次营养零食。这个年龄段的孩子活动量大，但是胃容量小，容易饿，可以少量多餐，外加营养零食。

2~3岁
每日3餐，可以加一两次营养零食。饮食种类与成人基本相同，清淡少盐，喂养原则基本与1~2岁相同。

1. 在辅食添加的初期，建议每次只添加一种辅食，间隔两三天之后再添加另外一种新的食物。这样能够方便分辨宝宝是否存在对某种食物过敏。如果有过敏现象，应立刻停止添加这种辅食，过一段时间之后再像第一次添加时那样尝试和观察。

2. 一旦宝宝出现食物过敏的症状，比如皮疹、荨麻疹、口周或者面部皮肤肿胀、呕吐、腹泻、呼吸急促等，立即停止进食导致过敏症状的食物。如果情况严重，比如呼吸困难、昏迷、脸色苍白、四肢无力等，则需要即刻送医。

预防宝宝食物过敏

3. 大多数食物过敏在进食后2~6小时出现，比较严重的30分钟内就会出现症状。

4. 生病期间不要添加未尝试过的辅食，以免生病和过敏同时发生。

不适合宝宝吃的食物

1 蜂蜜
1岁以内的宝宝不可以食用蜂蜜。蜂蜜可能导致宝宝肉毒杆菌中毒。

2 果汁
水果在变成果汁后,失去了大量的膳食纤维,并且糖含量高,可能导致蛀牙,1岁以内的宝宝不建议饮用果汁,儿童应限量饮用。

3 未经巴氏消毒的现挤牛奶、羊奶
绝对不要给婴儿食用,会有感染各种病毒的可能。

4 爆米花、坚果、硬糖、整粒葡萄等
这是可能引起窒息的高风险食品。

5 茶、咖啡、巧克力饮料、可乐
这些饮品中含单宁酸或者咖啡因,不适宜儿童饮用。

6 乳饮料、果味饮料
高糖饮料容易造成儿童肥胖和龋齿,宝宝不宜饮用。

7 含盐食物
1岁前不需要摄入盐分。

8 糖
1岁之前不需要加糖,如果辅食的口感太酸,可以用甜的水果泥来中和味道。

9 油腻的食物
1岁前的辅食不需要额外添加油,宝宝吃的母乳或配方奶中的脂肪就足够了。在制作辅食的时候为了口感加一点是可以的,但要控制量,不要加太多。

避免宝宝窒息

1 不要在宝宝玩耍、奔跑、哭泣、大笑时喂食。

2 让宝宝坐在餐椅上进食。

3 宝宝进食时,家长要在旁边时刻监护。

4 鼓励宝宝多咀嚼,避免仓促进食。

5 父母一定要学习海姆立克氏急救法,1岁以上就可以用。

注重食品安全

1 制作辅食前,首先清洁双手。宝宝吃东西前也要洗手。

2 制作宝宝辅食的器具、料理台确保干净清洁。

3 辅食制作过程必须和生肉等食材分开,避免污染。

4 肉类、鱼类等动物性辅食,要确保彻底煮熟。

5 蔬菜水果先彻底清洗干净,再制作辅食。即便像香蕉这样的水果也要洗净果皮。

6 放入冰箱里的食物使用独立的密封容器单独分装。

7 从冰箱里取出的食物,都要重新彻底加热,冷却到适口的温度后再食用。

8 从冰箱拿出来加热过一次的食物,不要再次加热后给宝宝食用。

9 所有预包装的宝宝辅食必须检查保质期及包装是否完好,并且在保质期内食用完毕。

10 如果宝宝辅食在室温下放置2小时以内,尽快放入冰箱或者尽快食用。2~4小时,不可再重新放回冰箱,应该尽快食用完毕。超过4小时,不可以再食用。

11 冷冻辅食在1个月内食用。冷藏蔬菜水果辅食在48小时内食用。冷藏肉类辅食在24小时内食用。

必备工具

辅食机

尽量挑选使用简单方便、好清洗的辅食机，确保材料里面不含BPA（双酚基丙烷）。辅食机主要是省时省力，食材放入机器，蒸煮搅拌一步到位。辅食机在1岁以前使用频率高，总的来看，使用时期比较短。

手持搅拌棒

搅拌棒的使用范围更广，不止制作辅食，制作其他食物也可以使用。价格比辅食机便宜，好清洗，但制作的辅食没有辅食机细腻。

小料理机

搅拌方面的作用与辅食机一样，做出来的泥也比较细腻。只是需要另外一个锅具把食物蒸熟或煮熟。清洗小料理机的时候记得把胶皮圈拆下清洗，底座部分经常容易残留食物。

研磨碗

属于不插电的辅食工具，价格经济实惠，不受食物量的限制，可以研磨小分量的食物，外出携带会比较方便。研磨的食物可能会存在颗粒，比较适合8个月以上的宝宝。

辅食剪刀

为宝宝处理食物时使用，剪后能方便地将食物处理成小块。外出携带很方便。

辅食盒

选择密封性好、使用顺手、材料安全、不含BPA、大小合适的辅食盒或辅食袋。还要注意清洗问题，是否方便清洗干净边边角角。

宝宝餐椅和餐具

餐椅的可挑选范围比较广泛，根据实际情况挑选就好。多注意使用时的安全性，年龄小的孩子坐在餐椅上时需要大人的看护，不要让孩子站在餐椅上。宝宝餐具的选择上需要格外讲究，需要材质安全、不易碎、碗口大、不易打翻的碗盘。宝宝的汤勺选择安全柔软的材质，大小要合适，握柄要舒适。1岁以后可以使用不锈钢勺子。2岁以后可以学习使用训练筷。

围兜

小一点的宝宝使用柔软吸水的围兜更舒适。学着自己吃饭的宝宝使用防水围兜、立体围兜、长袖围兜比较好。尤其冬天，长袖围兜能把衣服的袖子都包住，能减少换衣服的频率。

第一章

6个月
我的宝宝
要添加辅食啦

补铁米粉糊

⏱ 10分钟
👨‍🍳 简单

初试食物的滋味

烹饪秘籍

1 不要用沸水冲调婴儿米粉，刚烧开的水会破坏婴儿米粉中的一些营养物质，比如维生素、微量元素、乳清蛋白等。并且水太热冲米粉容易结团。

2 不要用矿泉水冲调婴儿米粉，矿泉水中有矿物质，长期摄入过多矿物质会增加宝宝的肾脏负担，对宝宝的身体不利。

3 婴儿米粉的牌子不同，吸水性也不太一样，最好参考米粉包装上的说明进行冲调。

4 冲调米粉时要看最终需要的状态，最初添加的米粉是能在碗中缓慢流动的状态。适应辅食之后就可以按正常比例冲调了。

主料

强化铁婴儿米粉10克

做法

1 清水烧开以后，降温到40~60℃。

2 在碗中加入70毫升温水。

3 均匀地撒入米粉，沿着一个方向搅拌至没有干粉状态。

4 将米粉静置2分钟，使米粉与水更好地结合。

5 喂宝宝之前，取一些米粉在手腕上感受一下温度，温度合适后即可喂宝宝食用。

喂养贴士

1 给宝宝添加的固体食物既要简单又要保证营养。婴儿米粉强化一些营养素，比如铁。并且冲调简单，是很好的选择。

2 母乳中铁的生物利用率很高，但是母乳中铁的含量很低，6个月后婴儿体内铁储存减少，而铁需求大大增加了，如果不注意含铁辅食的添加，是不能满足正常铁需求的。

快乐的小腿蹬啊蹬,可爱的小手抓啊抓。亲爱的宝宝,开始吃饭喽。从今天开始我们的美食之旅,好不好?

第一章 6个月我的宝宝要添加辅食啦

小油菜米粉糊

再试一个绿色蔬菜

⏱ 15分钟
👨‍🍳 简单

主料
小油菜100克

辅料
婴儿米粉糊80毫升

做法

❶ 将小油菜叶彻底清洗干净。

❷ 小锅中加入清水烧开。

❸ 放入小油菜叶焯烫30秒。

❹ 捞出小油菜叶切成碎末。

❺ 将小油菜末与少许白开水用料理棒或辅食机做成细腻的菜泥。

❻ 取30毫升打好的菜泥放入冲调好的米粉糊中拌匀即可。

烹饪秘籍

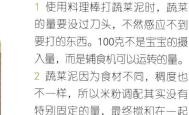

1 使用料理棒打蔬菜泥时,蔬菜的量要没过刀头,不然感应不到要打的东西。100克不是宝宝的摄入量,而是辅食机可以运转的量。

2 蔬菜泥因为食材不同,稠度也不一样,所以米粉调配其实没有特别固定的量,最终搅和在一起的稠度合适就可以。

喂养贴士

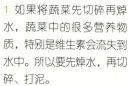

1 如果将蔬菜先切碎再焯水,蔬菜中的很多营养物质,特别是维生素会流失到水中。所以要先焯水,再切碎、打泥。

2 维生素K参与骨骼中骨钙素的合成与活化,沉积骨钙需要钙、磷、维生素K,而维生素K主要来源于绿叶蔬菜。

魔法妈妈让米粉糊糊变个味道哦。味道好、营养好的小油菜，宝宝一定会喜欢的。看着宝宝等不及要吃的样子，真高兴呀。

15分钟
简单

番茄米粉糊
像小脸一样粉嘟嘟

主料
番茄1个

辅料
婴儿米粉糊80毫升

烹饪秘籍

1 消化功能比较好的宝宝，制作番茄泥时可以不用去皮。
2 番茄的子味道比较酸，去掉子再打泥，味道就柔和很多。
3 番茄的水分比较多，打泥的时候可以不必加水。

做法

❶ 番茄洗净表面。

❷ 小锅中加入清水烧开。

❸ 放入番茄氽烫30秒。

❹ 将番茄去皮、去子、去蒂。

❺ 取1/2个番茄用料理棒或辅食机做成细腻的番茄泥。

❻ 取30毫升打好的番茄泥放入冲调好的米粉糊中拌匀即可。

喂养贴士

1 番茄是一种非常有营养的蔬菜，它含有丰富的胡萝卜素以及较多的膳食纤维。
2 每当引入了一种新的食物，都应当适应两三天，密切观察宝宝是不是有过敏反应，当适应一种食物后再添加其他新的食物。

选一个熟透的番茄,做一碗充满阳光味道的番茄米糊。希望宝宝像阳光一样充满活力。宝宝好喜欢番茄米粉糊的味道啊。

西蓝花米粉糊

⏱ 15分钟
👨‍🍳 简单

不易过敏的蔬菜泥

主料
西蓝花30克

辅料
婴儿米粉糊80毫升

烹饪秘籍

1 蔬菜泥的味道对于初试辅食的宝宝来说味道差异太大,将菜泥与米粉混合之后再喂给宝宝就比较容易被接受了。
2 多出来的菜泥可以冷藏在冰箱,作为下午添加辅食时使用。如果当天不食用,可以密封起来放入冰箱冷冻保存。

做法

① 将西蓝花彻底清洗干净。

② 小锅中加入少量清水烧开。

③ 放入西蓝花汆烫至熟。

④ 捞出西蓝花,放在砧板上稍微切碎。

⑤ 将西蓝花碎加少许煮菜的水,用料理棒或辅食机做成细腻的菜泥。

⑥ 取30毫升打好的西蓝花泥放入冲调好的米粉糊中拌匀即可。

喂养贴士

1 十字花科蔬菜的草酸含量几乎都很低,将煮西蓝花的水和菜一起打泥,避免了水溶性营养素的浪费。
2 蔬菜蒸煮熟做成泥,能补充钙、镁、钾、B族维生素、维生素K、膳食纤维等。

好棒的西蓝花泥,拌在米粉糊糊里吃好吗?一勺两勺都不够吃呢。好好吃饭,长高高,更聪明!

第一章 6个月我的宝宝要添加辅食啦

土豆泥

绵密细滑营养好

⏱ 30分钟　👨‍🍳 简单

新做出来的土豆泥，吃在嘴里很香、很好吃。相信宝宝也能体会到这种新鲜食物的美好。世界上有这么多可爱的食物，给宝宝尽可能多的尝试吧。

主料
土豆50克

烹饪秘籍

1. 土豆蒸熟之后非常软烂，使用研磨碗就可以制成土豆泥了。
2. 如果希望更细腻，就用辅食机或料理棒加少许水打成泥。

做法

❶ 土豆洗净，削去外皮。

❷ 将土豆切成小块。

❸ 将土豆块放入蒸锅蒸熟。

❹ 取出土豆块，用研磨器制成细腻的土豆泥。

❺ 在土豆泥中加入适量白开水，调成合适的状态即可。

喂养贴士

1. 土豆泥富含维生素C、B族维生素和钾。土豆的必需氨基酸的比例和鸡蛋很接近，相当符合人体需要。
2. 辅食要用勺子喂，让宝宝习惯用勺子吃东西。让食物堆满勺尖，把勺尖放在宝宝的上下唇之间，不要着急往里送，耐心等宝宝自己咬勺，而不是把勺子塞进宝宝的嘴里。

千好万好的胡萝卜,可以做成细滑的泥给宝宝吃。再大一点了,还可以蒸熟了作为手指食物给宝宝边吃边磨牙,是不是很棒?

主料
胡萝卜50克

辅料
婴儿米粉5克

烹饪秘籍

胡萝卜是容易含有农药残留的蔬菜,最好选择没有使用农药的胡萝卜或者有机胡萝卜。

喂养贴士

1 胡萝卜可以作为宝宝最初的辅食食物。因为胡萝卜很容易消化,并且含有丰富的营养成分。
2 胡萝卜中的胡萝卜素含量高,它可以在体内转化为维生素A。维生素A是视神经发育、基因表达、维持免疫功能和健康的皮肤所必需的维生素。

胡萝卜泥
爱吃萝卜爱吃菜

⏱ 30分钟
👨‍🍳 简单

做法

❶ 胡萝卜洗净表面,削掉表皮。

❷ 将胡萝卜切成小块。

❸ 将胡萝卜块放入蒸锅蒸熟。

❹ 取出胡萝卜块,放入料理杯或辅食机。

❺ 加入婴儿米粉及适量白开水。

❻ 用料理棒或辅食机做成细腻的泥。

第一章 0个月我的宝宝要添加辅食啦

山药泥
细细滑滑宝宝爱

- 30分钟
- 简单

只吃食物本身天然的味道，小食霸就高兴得手舞足蹈，还要抢勺子呢。香滑又细腻的山药泥，果然深得宝宝喜爱。

主料
山药30克

烹饪秘籍

山药的黏液会使皮肤过敏，戴上胶皮手套给山药去皮会更保险一些。

做法

❶ 将山药洗净、去皮。

❷ 取一份山药切成小块。

❸ 将切块的山药放入蒸锅蒸熟。

❹ 取出山药块，放入料理杯或辅食机。

❺ 加入适量白开水。

❻ 用料理棒或辅食机做成细腻的泥。

喂养贴士

1 山药属于富含淀粉的蔬菜，一定要将山药蒸熟再给宝宝吃，否则其中的淀粉不好消化，还可能引起宝宝胀气。
2 为了避免不易消化，可以将山药泥与婴儿米粉混合后给宝宝食用，就不容易产生不舒服的感觉了。

刚刚开始吃奶以外的辅食，有的宝宝兴奋不已，有的宝宝表情纠结，却又忍不住要吃。看着宝宝吧嗒吧嗒尝味道的样子，就觉得已经很棒了。

主料
鸡腿肉100克

辅料
婴儿米粉糊80毫升

烹饪秘籍

将鸡腿整个煮熟，再取适量的纯肉部位用来搅打也很方便。剩余的鸡腿肉可以作为大人的食物再进行烹调使用。

喂养贴士

颜色浅的鸡胸部位，含有较多的蛋白质，较少的脂肪。颜色深的鸡腿部位，含有更多的铁和脂肪。对于婴儿来说，选择颜色深的部位更好一些。

鸡肉米粉糊
肉肉真好吃

⏱ 30分钟　👨‍🍳 简单

做法

❶ 鸡腿肉去皮，去筋膜。　❷ 将鸡腿肉切成小块。　❸ 汤锅中加入适量清水，放入鸡腿肉煮熟。

❹ 将鸡腿肉和少许白开水放入料理杯或辅食机。　❺ 将鸡腿肉块搅打成细腻的鸡肉泥。　❻ 取30毫升鸡肉泥放入冲调好的米粉糊中拌匀即可。

第一章　6个月我的宝宝要添加辅食啦

牛肉米粉糊
补铁明星食物

- ⏱ 30分钟
- 🍽 简单

加了牛肉泥的米粉，是超级棒的补铁辅食。小家伙吃得欢快，小脸红扑扑，感觉又长了不少劲儿呢。

主料
牛肉100克

辅料
婴儿米粉糊80毫升

烹饪秘籍

现做的辅食需要冷却到宝宝能够吃的温度，常温就很好，不能太烫。

做法

❶ 牛肉去筋膜，切成小块。

❷ 汤锅中加入适量清水，放入牛肉块煮熟。

❸ 将牛肉块放入料理杯或辅食机。

❹ 加入少许白开水，将牛肉块搅打成细腻的牛肉泥。

❺ 取30毫升牛肉泥放入冲调好的米粉糊中拌匀即可。

喂养贴士

1 牛羊肉是血红素铁含量最高的肉类。牛肉中富含铁质，同时也富含蛋白质、钙和叶酸。
2 铁是造血必需的矿物质，通常颜色深的肉含铁更高。将肉做成细腻的肉泥，非常适合作为宝宝的补铁辅食。

完全没有调味的肉泥，宝宝却能吃得笑逐颜开。是的，宝宝的口味你别猜，只管给孩子提供尽可能多的选择，尽可能多的营养就好。

主料
猪里脊100克

辅料
婴儿米粉糊80毫升

烹饪秘籍

少量的肉，还有水分少的食物，不加水很难打成细腻的泥。添加的水分可以是白开水，也可以是母乳、配方奶、婴儿米糊。在确认不过敏的情况下，也可以将水果泥和肉搅打在一起。

喂养贴士
1 任何食物都可能使一些宝宝过敏。对于新添加的辅食，原则上是少量添加，观察几天，确保宝宝不过敏。
2 新鲜的肉类食材用清水煮煮也很好吃的，不要按大人的口味给肉类辅食添加盐等调味剂。

猪肉米粉糊
宝宝的口味你别猜
⏱ 30分钟　简单

做法

❶ 猪肉去筋膜，切成小块。

❷ 汤锅中加入适量清水，放入猪肉块煮熟。

❸ 将猪肉块放入料理杯或辅食机。

❹ 加入少许白开水，将猪肉块搅打成细腻的猪肉泥。

❺ 取30毫升猪肉泥放入冲调好的米粉糊中拌匀即可。

第一章　6个月我的宝宝要添加辅食啦

蛋黄米粉糊

⏱ 15分钟
👨‍🍳 简单

不干不燥吃不够

主料
鸡蛋1个

辅料
婴儿米粉糊80毫升

烹饪秘籍

当宝宝吃过蛋黄不过敏以后,还可以用蛋黄加水果泥吃,味道又香又甜,是一种宝宝可能会喜欢的味道。

做法

❶ 将鸡蛋清洗干净外壳。

❷ 把鸡蛋放入小锅中,加入没过鸡蛋的清水,将鸡蛋煮熟。

❸ 捞出鸡蛋,剥壳,取出蛋黄。

❹ 将1/4个蛋黄用研磨碗压碎,磨成泥。

❺ 在研磨碗中加入少许白开水,继续研磨成细腻的蛋黄泥。

❻ 将蛋黄泥放入冲调好的米粉糊中拌匀即可。

喂养贴士

1 鸡蛋黄中含有12种维生素,还有叶黄素、卵磷脂、胆碱等营养成分。叶黄素能促进婴儿大脑和眼睛的发育。并且蛋黄中的叶黄素是很容易吸收利用的。

2 鸡蛋黄是很好的食物,但不是补铁的优选食物。鸡蛋含高磷蛋白,导致铁吸收率低。

细细地将蛋黄碾碎，磨成细腻的蛋黄泥，和米粉在一起调成浓稠合适的糊糊。有蛋黄的味道，有米粉的味道，很是相得益彰。

南瓜米粉糊
营养大礼包

⏱ 20分钟
◯ 简单

黄澄澄、甜丝丝的南瓜糊，宝宝别提多喜欢了。宝宝开开心心吃辅食的样子，也是送给爸妈的开心大礼包吧。

主料
南瓜100克

辅料
婴儿米粉糊80毫升

烹饪秘籍

辅食最好不要做多了。但是南瓜泥属于冷冻后味道不会有太大改变的辅食。吃不完的南瓜泥可以用小盒子密封，存放在冰箱的最里面冷藏，并在一两天内尽快吃完。也可以将南瓜泥分份冷冻在冰箱里。

做法

❶ 南瓜洗净，去皮、去子。

❷ 将南瓜切成块，放入蒸锅蒸熟。

❸ 将蒸好的南瓜用料理棒或辅食机做成细腻的南瓜泥。

❹ 将30毫升南瓜泥放入冲调好的米粉糊中拌匀即可。

喂养贴士
1 南瓜的维生素和矿物质含量很丰富。它含有胡萝卜素、钾、维生素C、维生素K和膳食纤维等。
2 南瓜的种类很多，营养都很丰富。比如南瓜肉橙黄色深一点的，所含胡萝卜素就多一点。质地比较面的就含淀粉多一点。蒸着吃都很好吃，还能更好地保持其营养特性。

香蕉米粉糊
十个宝宝九个爱

⏱ 10分钟
👨‍🍳 简单

香蕉的果肉香甜软滑，营养价值也很高，是宝宝喜爱的水果之一。香蕉和米糊是口感味道特别容易被宝宝接受的组合。

主料
香蕉1根

辅料
婴儿米粉糊80毫升

烹饪秘籍

带着宝宝外出旅行的时候，香蕉也是非常易得的辅食食材。只需带一个研磨碗就可以制作。

喂养贴士

成熟的香蕉比较甜，加入些婴儿米粉糊，可以降低甜度，别让宝宝太爱甜食哦。

做法

❶ 确认香蕉外皮完整，洗净擦干外皮。

❷ 将香蕉去皮，取1/3根香蕉切成小块。

❸ 把切块的香蕉用料理棒或辅食机做成细腻的香蕉泥。

❹ 将30毫升香蕉泥放入冲调好的米粉糊中拌匀即可。

第一章　6个月我的宝宝要添加辅食啦

牛油果泥
集方便营养于一身

- ⏱ 10分钟
- 🍲 简单

想要宝宝身强体壮，聪明伶俐，单单吃米粉可不够，肉肉、蔬菜、水果，样样都要吃。试试牛油果泥，这是非常有营养的水果，也是宝宝接受程度很高的水果之一。

主料
牛油果1个

烹饪秘籍

用牛油果制作辅食很方便，熟透的牛油果能直接压成顺滑、乳脂状的泥。可以将牛油果泥与婴儿米粉糊混合，降低牛油果泥的浓稠度，给初试辅食的宝宝食用。

做法

❶ 洗净擦干牛油果外皮。

❷ 用刀沿着牛油果果核，将果肉切一圈。

❸ 两手向相反方向旋转打开牛油果，取出果核不要。

❹ 将1/4个牛油果果肉用研磨碗压成细腻的泥。

喂养贴士
1 牛油果含有优质脂肪酸，能帮助宝宝的大脑和身体的发育。宝宝不需要刻意吃低脂食品，他们需要摄入足够的脂肪来保证正常的生长和大脑发育。
2 牛油果含钾比香蕉还高，膳食纤维特别丰富，抗氧化性强，口感还很细腻。对于宝宝来说非常容易消化，而且不易过敏。

苹果能帮助消化，有助铁质的吸收，含有益肠胃的果胶，是一年四季都有的大众水果。甘甜的苹果泥令宝宝吃得倍儿香。

主料
苹果1个

烹饪秘籍

生吃的水果泥，制作时一定要注意各个环节的食品安全。即便是要去皮的水果，也要洗净擦干之后再进行下一步的制作。

喂养贴士

1 苹果富含维生素、矿物质和膳食纤维，又有很多种口味和质地可以选择。一年四季都可以很方便地买到苹果，是婴儿辅食中不可缺少的健康食物。
2 6个月吞咽期的辅食需要借助辅食机或料理棒打成细腻的泥。到7~8个月的蠕嚼期时，可以用勺子刮取果肉，或做成稍稠的苹果糊。

苹果泥
宝宝的常备水果
⏱ 15分钟
👨‍🍳 简单

做法

❶ 苹果洗净擦干，削去表皮。

❷ 将苹果切瓣，去掉苹果核。

❸ 将1/4个苹果切块。

❹ 用小料理机或辅食机将苹果块做成细腻的泥。

第一章 6个月我的宝宝要添加辅食啦

梨泥
清甜滋润

⏱ 10分钟　简单

梨泥里面膳食纤维多，水分充足，啥怪味都没有，生吃熟吃都好。快快开始给宝宝解锁梨泥吧。宝宝一定会光盘给你看呢。

主料
梨1个

烹饪秘籍

视宝宝接受辅食的程度，选择一些比较硬的水果、蔬菜蒸熟煮软之后再给宝宝制作辅食。

做法

❶ 梨洗净擦干，削去表皮。

❷ 将梨切瓣，去掉梨核。

❸ 将1/4个梨切块。

❹ 用小料理机或辅食机将梨块做成细腻的泥。

喂养贴士

1 小宝宝的消化系统及免疫系统发育还不全，很容易拉肚子。如果宝宝不适应吃生的水果泥，可以用少量水煮或者蒸熟后再做成水果泥。

2 像苹果、梨这样的水果，维生素C含量不高，即便是蒸煮熟也不用遗憾维生素C的减少。猕猴桃的维生素C含量高，但比较容易过敏，可以晚一点再添加。

什么季节吃什么水果，刚添加辅食的宝宝赶上有桃子的季节可真好。尝到桃子甜头的宝宝，几下就适应了这种辅食，不一会儿就吃完了。

主料
桃1个

烹饪秘籍

如果是成熟度比较高的晚熟蟠桃，果皮能轻易撕掉，并且味道足、香甜多汁，宝宝可能会比较喜欢这种味道。将桃子和肉类在一起搅打成泥，做成辅食也非常好吃。

喂养贴士
1 无论是什么水果，都尽量选择应季的。不但口感更好，营养素含量也会更高一些。
2 在最初的辅食阶段，尽可能让宝宝尝试各种食物是很有必要的。添加辅食其实是试吃，耐心让宝宝慢慢适应各种口味。

桃泥
八月水果之冠
⏱ 10分钟　👨‍🍳 简单

做法

❶ 桃子洗净、擦干，削去表皮。

❷ 沿着桃核将桃子切开，去掉桃核。

❸ 将1/4个桃切成小块。

❹ 用小料理机或辅食机将桃块做成细腻的泥。

木瓜泥
好吃不过敏

- ⏱ 10分钟
- 🍳 简单

在黄色水果里面，木瓜是比较不容易过敏的，甜甜的也不酸。柔软多汁自带清甜的木瓜泥秒入宝宝最爱食物榜。

主料
木瓜100克

烹饪秘籍

木瓜是既可以生吃，也可以煮熟食用的水果。煮过的木瓜块用研磨碗能很轻松就做成果泥。

做法

① 木瓜洗净、擦干。

② 将木瓜削去表皮，去掉木瓜子。

③ 取一块木瓜切成小块。

④ 用料理棒或辅食机将木瓜块做成细腻的泥。

喂养贴士

1 黄色的水果富含维生素A原，即胡萝卜素。蔬果中的胡萝卜素主要来自于橙黄色和深绿色的品种。

2 维生素A能保护眼睛和黏膜。儿童缺乏维生素A，还会影响生长发育，妨碍骨骼健康。

第二章

7～8个月
宝宝长牙啦，
加油宝宝

香蕉牛油果泥
宝宝特别喜爱的组合

⏱ 10分钟　簡单

香蕉加牛油果的组合是很多宝宝的最爱。两种食物都富含多种营养并且很好吃。成熟的牛油果和香甜的香蕉口感极为互补，吃过各种单一食物的宝宝可以试试更多新组合了。

主料
香蕉 20 克 | 牛油果 20 克

烹饪秘籍

香蕉、牛油果易氧化变色，做成果泥之后尽快食用。

做法

❶ 香蕉洗净、擦干，剥去外皮。

❷ 牛油果洗净、擦干，沿果核对半切开，去核，取出果肉。

❸ 取适量香蕉、牛油果放入研磨碗中。

❹ 将香蕉、牛油果研磨成细腻的果泥即可。

喂养贴士
1 经历了早期的辅食添加之后，宝宝完全适应的食物种类越来越多，把几种已经完全适应的食物混合吃相对更有优势，可以给宝宝提供更加均衡全面的营养，提高进食的效率和质量。
2 所有这些组合的果泥、菜泥、肉泥依然可以与婴儿米粉拌匀混合之后喂给宝宝。
3 大一点的宝宝可以用研磨碗制作成有颗粒感的泥来吃了。

两种水果混合做果泥,总是有一个主要味道,一个陪衬味道。樱桃芳香的美味不会被苹果掩盖,是一对相辅相成的好伙伴。

⏱ 15分钟
🍳 简单

樱桃苹果泥
水果与水果的结合

主料
樱桃 20 克 | 苹果 20 克

烹饪秘籍

如果怕生水果不好消化,可以用少量水将水果煮熟再打泥。

喂养贴士
两种或者几种宝宝已经完全适应的食物可以混合吃,两种以上的新食物尽量不要混合吃,否则一旦过敏,很难分辨是哪种食物导致的过敏情况。

做法

❶ 樱桃充分洗干净后擦干,去核备用。

❷ 苹果洗净、擦干,去皮、去核。

❸ 将苹果切成小块。

❹ 将樱桃、苹果放入料理机搅打成果泥即可。

西蓝花土豆泥

15分钟 简单

蔬菜加淀粉的组合

主料

西蓝花 20 克 | 土豆 20 克

做法

❶ 土豆洗净、去皮，切成小块。

❷ 西蓝花洗净，切成小朵。

❸ 小锅中加适量清水，放入土豆块煮软。

❹ 放入西蓝花继续煮至变软。

❺ 将西蓝花、土豆放入料理机内。

❻ 加少许煮菜水搅打成细腻的糊即可。

烹饪秘籍

煮菜的水里也含有很多营养物质，不要浪费了，打泥的时候可以加入一些。但是含草酸多的蔬菜水不要使用。

喂养贴士

1 7~8个月的宝宝处于蠕嚼期，处理食物的方式是用舌头上下活动碾碎食物，加上牙龈咀嚼，这时候的食物可以是稠粥样的泥糊状。

2 如果喂饭的时候宝宝想抢勺子，那就给宝宝玩吧。可以再拿一个勺子喂宝宝，这都没关系。

因为宝宝的辅食里有很大一部分是淀粉类食物,所以宝宝天生对富含淀粉的土豆有好感。一种绿色蔬菜加一份淀粉类蔬菜是很好的组合。

紫薯冬瓜泥
全是紫薯的香甜

- 20分钟
- 简单

有的宝宝不爱吃紫薯，是因为太干。还有很多宝宝不爱吃没有调味的冬瓜。将这两个不爱吃放在一起试试。完全吃不出冬瓜味，紫薯也柔和了许多。

主料
紫薯 30 克 | 冬瓜 30 克

烹饪秘籍

紫薯由于外皮颜色深，有些坏了的地方经常看不出来，先将紫薯去皮，检查一遍再蒸制，就比较保险啦。

做法

❶ 紫薯洗净、去皮，切成小块。

❷ 冬瓜洗净、去皮，切成小块。

❸ 将紫薯、冬瓜分别放入小碗中蒸熟。

❹ 将蒸熟的紫薯、冬瓜放入料理机搅打成泥即可。

喂养贴士
紫薯可是"花青素大王"哦，花青素对眼睛的健康尤其有帮助。紫薯的蛋白质含量也比其他薯类要多很多。大多数的孩子挑食只是阶段性的。今天喜欢吃这个，明天喜欢吃那个，家长不用太担心。蔬菜种类那么多，总可以找到能替代的。还可以进行混合搭配或者降低不喜欢的食物的比例等。

圆白菜西葫芦莲藕泥

淡淡的混合味道

⏱ 20分钟　🍳 简单

宝宝的辅食越来越多样化，都可以吃三种食物混合的蔬菜泥了。圆白菜、西葫芦、莲藕的味型都挺平和的，味道与颜色也不冲突，宝宝爱吃的概率很高。

主料

圆白菜 20 克 ｜ 西葫芦 20 克
莲藕 20 克

烹饪秘籍

购买莲藕时，尽量买两头带藕节的完整莲藕。两头密封得好，淤泥就很难进入莲藕的空洞里。

喂养贴士

也不要太纠结于一顿辅食的营养是否吃够了。宝宝可能还不能体会到你的用心良苦，却能感知到你的焦虑和烦恼。只要宝宝的身高体重在正常范围内就可以啦。

做法

❶ 圆白菜洗净、切碎。

❷ 西葫芦洗净、切块。

❸ 莲藕洗净、去皮，切小薄片。

❹ 小锅中加清水烧开，放入所有蔬菜煮熟。

❺ 将煮熟的食材放入料理机搅打成泥即可。

玉米蛋黄土豆泥

20分钟 | 简单

宝宝最爱的玉米味

主料
甜玉米粒 30 克 | 土豆 30 克 | 鸡蛋 1 个

烹饪秘籍

大一点的宝宝，如果消化能力比较强，在玉米粒打细腻后可以不必过筛。

做法

❶ 鸡蛋放入清水中煮熟。

❷ 剥壳，取出蛋黄，用研磨碗制成蛋黄泥。

❸ 土豆洗净，去皮，切块，放入蒸锅蒸熟。

❹ 取出土豆块，用研磨碗制成土豆泥。

❺ 小汤锅加适量清水，放入玉米粒煮熟。

❻ 将玉米粒放入料理机，加少量煮玉米的水，搅打成玉米糊。

❼ 将玉米糊放入滤网中过滤一遍。

❽ 将玉米糊、土豆泥、蛋黄泥混合均匀即可。

喂养贴士

多蒸一些土豆条给宝宝当做手指食物。家长要多提供合适的手指食物给宝宝，但是一定要注意安全，要在旁边一刻不能走神地盯着。

应对挑食的宝宝，甜甜的玉米总能使辅食变得好吃很多。宝宝若一碗吃不够，爸爸妈妈可不要太惊讶哦。

芹菜莴笋甜瓜泥

⏱ 20分钟　🍳 简单

应季蔬菜泥

甜瓜是应对难吃蔬菜的法宝，清甜的滋味使菜糊的味道好了很多。绿色的小甜瓜与蔬菜的颜色也很协调。

主料
芹菜 10 克 | 莴笋 20 克
甜瓜 30 克

烹饪秘籍
换成别的绿叶蔬菜和甜瓜搭配也很好吃，蔬菜的味道跟甜瓜还挺搭的。

做法

❶ 芹菜洗净，切成小块。

❷ 莴笋洗净、去皮，切成小块。

❸ 甜瓜洗净、擦干，去皮、去子，切成小块。

❹ 小锅中加入适量清水，放入芹菜、莴笋煮熟。

❺ 将芹菜、莴笋、甜瓜放入料理机中搅打成泥即可。

喂养贴士
宝宝的味觉比成人要敏感得多，味道太丰富的食物对宝宝们来说负担有点大哦。有些蔬菜本身的味道比较重，可以用没太大味道的食材来冲淡一下再给宝宝吃。

大人们喜欢的芦笋炒蛋宝宝也想要。怎么办？给宝宝做个芦笋蛋黄米糊吧，这个绿绿的就是芦笋，这个黄色的就是鸡蛋哦。

芦笋蛋黄米粉糊

⏱ 20分钟　👨‍🍳 简单

清香营养好

主料
芦笋 20 克 | 鸡蛋 1 个
婴儿米粉 30 克

烹饪秘籍

芦笋如果很嫩，只要掰掉比较老的部分，可以不用刮皮。

喂养贴士
芦笋虽然没有叶子，却属于营养价值高的绿色蔬菜类。鸡蛋的主要营养都在蛋黄中，蛋黄含有胆碱、铁、锌、维生素B_{12}、维生素D、维生素E等多种营养元素。所以这一碗简单的米糊中营养却很充足。

做法

❶ 鸡蛋煮熟，剥出蛋黄。

❷ 取1/2个蛋黄，用研磨器压成蛋黄泥。

❸ 芦笋洗净、去皮，放入沸水中煮熟。

❹ 将芦笋放入料理机，加少许白开水搅打成泥。

❺ 婴儿米粉加入正常水量冲泡成米粉糊。

❻ 将蛋黄泥、芦笋泥拌入米糊即可。

南瓜胡萝卜菜花泥

⏱ 20分钟
🍳 简单

含有好多胡萝卜素

单单是南瓜和胡萝卜煮在一起就挺好吃了，再加一些蔬菜进去，冲淡南瓜的甜味。宝宝的饮食种类越多样，营养元素越全面。

主料
南瓜 40 克 ｜ 胡萝卜 10 克
西蓝花 10 克

烹饪秘籍

作为稀释作用的白开水可以被母乳、配方奶、婴儿米粉糊代替。

做法

❶ 南瓜洗净、去皮、去子，切成小块。
❷ 胡萝卜洗净、去皮，切成小块。
❸ 西蓝花洗净，切成小朵。

❹ 将所有食材放入蒸锅内蒸熟。
❺ 将蒸熟的食材放入料理机，加少许白开水搅打成泥即可。

喂养贴士
这个食谱里面的蔬菜都非常容易蒸得软烂，可以挑一些完整的小块给宝宝作为手指食物。刚开始给手指食物的时候，宝宝可能就真的只是玩一玩，还不知道往嘴里送呢。

菠菜红枣猪肝泥
易于吸收的肝泥

⏱ 15分钟
☺ 简单

动物的肝泥都能给宝宝补锌补铁，还有蛋白质，能给宝宝充足的营养。对于成长中的宝宝再合适不过了。

主料
猪肝 20 克 ｜ 菠菜 30 克
红枣 1 个

烹饪秘籍

直接吃猪肝泥味道太浓，可以加入婴儿米粉糊再喂给宝宝。

喂养贴士

提供辅食的原则就是家长要不断尝试，不要放弃。宝宝吃不吃是一回事，家长只要不断提供丰富的食物类型给宝宝就好。

做法

❶ 红枣用温水泡软后煮熟，去皮、去核备用。

❷ 猪肝用流动水清洗干净血水。

❸ 小锅中加入足量清水，放入猪肝煮熟。

❹ 菠菜洗净，放入开水中氽烫1分钟。

❺ 捞出菠菜，挤干水分，切成碎末。

❻ 将猪肝、菠菜、红枣、适量白开水放入料理机中搅打成泥即可。

炖苹果鸡肉泥

味道清甜的肉泥

- 30分钟
- 简单

满屋子都是炖苹果的香气。宝宝也闻到了，咿呀咿呀，迫不及待要试试这个清甜香滑的肉泥呢。

主料

鸡胸肉 30 克 ｜ 苹果 30 克
红薯 10 克

烹饪秘籍

搅打肉泥时慢慢分次加入水分，根据宝宝需要的状态来调整浓稠度。

做法

❶ 苹果洗净、去核，切小块。鸡胸肉切小块。红薯洗净、去皮、切块。

❷ 小汤锅加适量清水，放入苹果块、鸡肉块、红薯块煮至软烂。

❸ 将煮熟的苹果、鸡肉、红薯放入料理机。

❹ 倒入适量炖肉的汤汁，搅打成肉泥即可。

喂养贴士

每一个宝宝都是独一无二的，接受辅食的口味也有所差异，还需要家长细心发现。如果宝宝每天大约吃800毫升母乳或配方奶，那么剩下那20%~30%的热量要靠辅食来补足。

番茄味道的鱼泥宝宝都很喜欢。土豆增加了顺滑的口感，番茄更是增加了鲜美程度。粉嫩的颜色则令人赏心悦目。

主料
鳕鱼 20 克 ｜ 番茄 20 克
土豆 20 克

烹饪秘籍
鳕鱼蒸熟后，仔细检查是否有鱼刺，要注意宝宝的饮食安全。

喂养贴士
在食材种类比较多的时候，要确保大部分食材是宝宝已经吃过并且不过敏的食材。一旦宝宝出现过敏状况时就比较容易查出是哪种食材导致了过敏。如果父母对海鲜过敏，则宝宝添加海鲜就更要注意观察。

番茄土豆鳕鱼泥
粉嫩的鱼肉泥
⏱ 25分钟　👨‍🍳 简单

做法

❶ 番茄洗净，用开水汆烫后去皮，切成小粒。

❷ 土豆洗净、去皮，切成小粒。

❸ 鳕鱼切成小粒。

❹ 将番茄、土豆、鳕鱼放入小碗中蒸熟。

❺ 将蒸熟的食材放入料理机中搅打成泥即可。

杂蔬三文鱼粗泥

⏱ 30分钟　🍳 简单

可以拌粥拌面都好吃

特别为宝宝制作的三文鱼粗泥，营养又安全。还精心搭配了多种蔬菜，保证了一份辅食泥中含有多种营养素。

主料

三文鱼 30 克 ｜ 西蓝花 10 克
西芹 10 克 ｜ 毛豆 10 克

烹饪秘籍

1 毛豆需要煮久一点才能软烂。也可以将毛豆单独煮软后打成比较细腻的泥，再与其他泥拌在一起。
2 吃不完的三文鱼泥放入小辅食盒中，冷冻保存。

做法

❶ 西蓝花切小块。西芹切细末。三文鱼切小块。

❷ 三文鱼放入蒸锅蒸熟备用。

❸ 小汤锅中加入适量清水，放入毛豆煮至软烂。

❹ 接着加入西蓝花、西芹煮至软烂。

❺ 将所有食材放入料理机搅打成粗泥即可。

喂养贴士

随着宝宝渐渐适应了辅食，可以制作一些口感略微粗糙的辅食，培养宝宝的味觉，帮助宝宝由液体食物向固体食物过渡。

山药和米粉糊都有助于打出细腻的肉泥,这个肉泥细腻润滑,很好吃,加点山药,能让宝宝完全喜欢上了吃肉泥。

主料
猪里脊15克 | 山药20克
婴儿米粉20克

烹饪秘籍

打肉泥的时候适量加些淀粉类食物,比如婴儿米糊、蒸山药、蒸土豆之类,打出来的肉泥会比较细腻顺滑。

喂养贴士

给宝宝准备过于麻烦的辅食,会挤占家长们的休息时间。因此时常准备些营养丰富、简单易做的辅食,会使大人小孩都能轻松愉快地享受这个成长过程。

山药猪肉米粉糊
简单易做,美味营养

⏱ 30分钟
👨‍🍳 简单

做法

❶ 婴儿米粉加入正常水量冲泡成米粉糊。

❷ 山药洗净、去皮,放入蒸锅蒸熟。

❸ 小汤锅加适量清水,放入猪里脊煮至软烂。

❹ 将山药、猪里脊、婴儿米糊放入料理机,搅打成泥即可。

补铁鸡肝青菜粥

还有维生素C来帮忙

⏱ 30分钟
👨‍🍳 简单

主料
鸡肝 10 克 | 西蓝花 10 克
圣女果 10 克 | 大米 30 克

辅料
姜片 1 克

烹饪秘籍

肝脏类需要多清洗一会儿才能比较好地去掉血水。

做法

❶ 小汤锅加180毫升清水煮沸。

❷ 放入洗净的大米，煮成软糯的大米粥。

❸ 小锅中加入适量清水，放入鸡肝、姜片，小火煮熟。

❹ 取出鸡肝，碾压成鸡肝泥。

❺ 西蓝花洗净，放入沸水中煮软，捞出切细末。

❻ 圣女果放入沸水中氽烫，捞出去皮，切细末。

❼ 在大米粥中加入鸡肝泥、西蓝花末、圣女果末拌匀，煮1分钟即可。

喂养贴士

肝脏都有补铁、补蛋白质的效果，其中鸡肝因为口感更软嫩，宝宝的接受程度更高。

小火慢煮出特别嫩口的鸡肝，宝宝的辅食也可以媲美大人们的盐水鸭肝了。加点含有维生素C的蔬菜，更有利于铁的吸收。

第二章 7~8个月宝宝长牙啦，加油宝宝

菠菜蛋黄星星意面

柔软易消化的意面

⏱ 25分钟
👨‍🍳 简单

主料
菠菜 20 克 | 甜玉米粒 10 克
鸡蛋 1 个 | 星星意面 25 克

烹饪秘籍

如果玉米粒搅打得非常细腻，宝宝完全可以消化得了，就不需要去皮了，毕竟去皮也是一个非常费事的过程。

做法

❶ 鸡蛋放入水中煮熟，取出蛋黄备用。

❷ 甜玉米粒放入沸水中汆烫至熟。捞出甜玉米粒，剥去外皮。

❸ 将甜玉米粒、半个蛋黄放入料理机搅打成蛋黄泥。

❹ 菠菜洗净，放入沸水中汆烫30秒。

❺ 捞出菠菜，挤干水分，切成比较细的碎末。

❻ 小汤锅内加入适量清水烧开，放入星星意面煮熟。

❼ 倒掉多余的水分，保留合适的水分。

❽ 加入菠菜碎拌匀，煮30秒后盛入餐碗中。

❾ 将打好的蛋黄泥淋在星星意面上即可。

喂养贴士

1岁之前的宝宝拒绝吃辅食是非常普遍的现象，即便是一开始喜欢辅食的宝宝，也可能会出现一段时间不喜欢吃。只要宝宝不是身体不舒服，家长要保持淡定哦。或许可以试试不同的进食方式。

婴儿意面,柔软好消化,专为宝宝设计。煮软之后非常易于咀嚼,没有出牙的宝宝都可以轻松享用。

羊肉蔬菜爱心面

软萌可爱的粒粒面

⏱ 15分钟
👨‍🍳 简单

主料

羊肉 15 克 | 羊肝 5 克 | 南瓜 20 克
西葫芦 10 克 | 小油菜 10 克
爱心粒粒面 25 克

烹饪秘籍

加水的量要看宝宝需要吃哪种程度的辅食。想要汤多就多加一点水,想要浓稠的就少加一点水。

做法

❶ 羊肉、羊肝清洗干净,放入水中煮至软烂。

❷ 西葫芦洗净,放入开水中汆烫至熟。

❸ 将羊肉、羊肝、西葫芦放入料理机打成肉泥。

❹ 粒粒面放入沸水中,按照包装说明煮熟,捞出备用。

❺ 小油菜洗净,切成比较碎的菜末。南瓜去皮,切小粒。

❻ 小汤锅中加入250毫升清水,依次放入南瓜、小油菜末煮软。

❼ 加入粒粒面略煮1分钟。

❽ 加入羊肉泥拌匀后即可盛出。

喂养贴士

帮助宝宝享受食物,是让宝宝过渡到成人饮食的先决条件。宝宝的味蕾其实是有高度可塑性的。孩子越早吃多样化的饮食,就越是乐在其中,越不挑食。

将爱心粒粒面煮得软软的，给宝宝一个慢慢适应颗粒口感的过程。爱心面里有肉又有菜，真是饱含家长心意的爱心辅食啊。

紫薯燕麦小米糊

超级营养粥

- 40分钟
- 简单

这碗棒棒的粥里面，每一样食材都是优选的健康食材，含有丰富的营养物质。带有淡淡的食材本身的甜味，特别适合做给宝宝吃。

主料
小米 20 克 | 紫薯 10 克
燕麦片 10 克

烹饪秘籍
要选择完整的燕麦粒制作而成的燕麦片，好消化，又是全谷物食材。

做法

① 小米洗净，清水浸泡30分钟。

② 紫薯洗净，去皮，放入蒸锅蒸熟。

③ 小汤锅内加入250毫升清水煮沸。

④ 将小米、燕麦片放入锅内搅拌均匀。

⑤ 半掩锅盖，小火煮25分钟。

⑥ 将小米燕麦粥及紫薯放入料理机打成米糊即可。

喂养贴士
小米是粮食里含铁较多的。同时小米的钾、铁元素含量也是白米的5倍以上。燕麦的矿物质含量也几倍于大米白面。将薯类搭配粮食一起吃，营养更合理。

第三章

9~12个月
小手越来越
灵活,吃饭
越来越好

南瓜牛肉粗粒

⏱ 40分钟
👨‍🍳 简单

向粗颗粒食物过渡

宝宝的食欲一直这么好，已经变成吃饭小能手了。赶快给宝宝更有口感的粗粒食物吃吃看，没准宝宝高兴地直接光盘呢。

主料
南瓜40克 ｜ 牛肉末20克
西葫芦20克 ｜ 西芹10克
番茄20克

烹饪秘籍

牛肉末不要选择太瘦的，略微带一点肥肉口感更软烂。

做法

❶ 南瓜洗净、去皮、切块。西葫芦切粒。西芹切末。番茄去皮、切末。

❷ 将牛肉末、南瓜、西葫芦、西芹放入小锅中。

❸ 加入没过食材的清水，大火煮沸，小火煮30分钟。

❹ 最后加入番茄碎煮5分钟，煮至稠粥状态即可。

喂养贴士

所有食材在煮的过程中已经很软烂了，但是仍然保留细软的颗粒。9个月以上的宝宝进入细嚼期，可以让宝宝体验不同食物的质地性状。如果太晚引入粗口感的食物，未来容易发生喂养困难。

简单的白粥加点肉末青菜，加点方便食材，一下就变成宝宝最爱的粥之一。不一定多复杂，对宝宝的口味最重要。

主料
大米40克 | 猪肉末20克
芹菜10克 | 海苔碎1茶匙
熟芝麻碎1/2茶匙

辅料
淀粉1克

海苔芹菜瘦肉粥
最爱有味道的粥

⏱ 30分钟
👨‍🍳 简单

烹饪秘籍

也可以不用猪肉末，直接用宝宝肉松、鱼松来拌粥。

喂养贴士
调味粥是非常方便的宝宝辅食。只要将宝宝喜欢的食材切碎，煮进粥里就好。也可以在当天大人做饭的食材中挑选出宝宝可以吃的煮在粥里，节约成本又顺手。

做法

❶ 大米洗净，放入电饭锅，加250毫升清水，选择煮粥功能。

❷ 猪肉末加入淀粉，剁成更细腻的肉末。

❸ 粥煮至一半时，将肉末加入电饭锅中同煮。

❹ 芹菜洗净，切成细末。粥快煮好时加入电饭锅中同煮。

❺ 将煮好的粥盛入碗中，加海苔碎、芝麻碎拌匀即可。

翡翠鲜虾疙瘩汤
做法非常简单

⏱ 25分钟
👨‍🍳 简单

主料
鲜虾仁20克 | 西蓝花15克
面粉30克

做法

❶ 鲜虾仁挑去虾线，西蓝花洗净、去梗。

❷ 小汤锅加水煮沸，放入虾仁、西蓝花煮熟，捞出备用。

❸ 将虾仁、西蓝花切成细末。

❹ 碗中放入面粉、虾末、西蓝花末，加2汤匙清水拌匀成面糊。

❺ 小汤锅中重新加适量清水烧开，将面糊倒在大孔漏勺上。

❻ 用一个勺子转动按压面糊，使面糊滴落入锅中。

❼ 面糊全部滴完后，等水沸腾，转小火煮2分钟即可。

 烹饪秘籍

1 面糊不能太稀，稠度为放在漏勺上也不会滴落的程度。
2 没有合适的漏勺，就将面糊装在裱花袋或者保鲜袋里挤入锅中。

喂养贴士

10个月以后，宝宝的味觉发育更加完善，开始好奇大人的饮食和各种味道，在辅食中加入带有鲜味的食物能使宝宝的辅食味道更丰富。

不同于先煮菜后煮面的方式，菜啊、肉啊都包在面疙瘩里了，一点都不浪费营养。呼噜呼噜一小碗，美味又顺口。

⏱ 110分钟
👨‍🍳 简单

羊肉蔬菜烂面条
秋冬季的宝宝美食

主料
羊排100克 | 山药30克
胡萝卜20克 | 菠菜20克
宝宝面条40克

辅料
姜片1克

做法

❶ 羊排冷水下锅，煮出血沫。

❷ 另换干净炖锅，加水烧开，放入羊排、姜片，大火烧开后转小火慢炖1小时。

❸ 山药、胡萝卜洗净、去皮，切厚片，放入炖锅继续煮30分钟。

❹ 菠菜洗净，放入沸水中汆烫至熟，捞出控干水分，切末备用。

❺ 煮熟的羊排去骨，只留羊排肉。

❻ 将羊排肉、山药、胡萝卜、菠菜、适量羊肉汤放入料理机，粗略打成有颗粒的泥。

❼ 宝宝面条放入沸水中煮熟。

❽ 捞出面条放入碗中，加适量羊肉汤，将面条捣碎。

❾ 将面条与打好的蔬菜肉泥拌匀即可。

喂养贴士

1 大一点的宝宝可以不用打成泥，直接将肉撕碎，蔬菜压成颗粒，加点羊肉汤用来拌面。所有的肉、菜都已经炖得软烂，很好消化，还能锻炼宝宝的咀嚼能力。

2 不一定非要单独给宝宝制作辅食。比如做清炖肉时，先取出一部分没加调料的食物留给宝宝制作辅食用，然后再调味给大人食用。这样既能够使宝宝的饮食多样化，大人也会比较轻松。

非常新鲜的羊排,没有膻味,不放盐也很好吃。大人秋冬进补的时候,别忘了给宝宝也做一碗羊肉面哦。

烹饪秘籍

剩余的羊肉汤可以分份装入保鲜盒冷冻起来,留待下次使用。

牛肉彩椒粒粒面

⏱ 25分钟
👨‍🍳 简单

颜色超好看

主料
牛肉20克 | 彩椒20克 | 小油菜20克
粒粒面40克

辅料
食用油1/3茶匙 | 淀粉2克

做法

❶ 牛肉切成细末，加入淀粉拌匀。

❷ 小锅加适量清水烧开，放入牛肉末煮至软烂。

烹饪秘籍

粒粒面是宝宝主食中的一种类型，可以拌入肉泥、肉汤、菜碎等一起食用。

❸ 粒粒面放入沸水中，按照包装说明时间煮熟，捞出备用。

❹ 彩椒、小油菜洗净，切成碎末。

❺ 炒锅加入食用油，将彩椒、小油菜略微翻炒出香味。

❻ 接着加入炖牛肉末、牛肉汤及粒粒面，略煮至浓稠即可。

喂养贴士

这个阶段可以多做些质地浓稠的食物。一是营养质量高，二是更方便宝宝自己练习吃饭。用勺子吃浓稠的食物不容易洒出来，宝宝能吃到嘴里的食物多了，更增加了自己吃饭的信心。

总想亲手做面给宝宝吃，可是揉啊、擀啊、切啊都是技术活，一顿忙活下来还要收拾。干脆把心思放在怎么做好吃的肉和菜上。色彩丰富的粒粒面，宝宝绝对移不开目光。

第三章 9~12个月小手越来越灵活，吃饭越来越好

茄汁小·星星意面
还放了可爱的胡萝卜

⏱ 30分钟
👨‍🍳 简单

主料
茄子30克 | 胡萝卜30克
无添加番茄泥10克 | 星星意面50克

辅料
食用油1/2茶匙 | 清鸡汤150毫升

做法

❶ 星星意面按照包装说明时间煮熟，捞出备用。

❷ 胡萝卜洗净，切片，用模具压出卡通造型，放入开水中煮熟，捞出备用。

烹饪秘籍
用一点油将蔬菜略微焖一下锅，味道会好吃很多。

❸ 茄子洗净、去皮、切粒。

❹ 炒锅中加入食用油烧热，放入茄子粒煎香，放入番茄泥炒匀。

喂养贴士
成长中的宝宝处于对外界好奇的探索阶段，让宝宝多多尝试不同食物的味道，扩充宝宝的味觉，在大脑的记忆中储存起各种不同的味道。

❺ 加入清鸡汤炖煮至茄子软烂。

❻ 放入星星意面、胡萝卜片拌匀，即可出锅装盘。

超香的茄汁星星面,是因为里面加了炝锅炒香的茄子呀。也特别为宝宝准备了手指食物,几个造型可爱的小胡萝卜。赶快吃起来吧。

宝宝番茄牛肉意面

⏱ 40分钟
👨‍🍳 简单

宝宝版的无盐意面

主料
番茄50克 | 牛肉40克
胡萝卜30克 | 洋葱10克
婴儿意面50克

辅料
食用油1/2茶匙
牛肉高汤400毫升

做法

❶ 番茄放入开水锅中汆烫一下，去皮，切成小粒。

❷ 牛肉切粒，放入开水锅中汆烫出血水。

❸ 胡萝卜洗净、切粒，洋葱洗净、切末。

❹ 炒锅中加入食用油烧热，放入洋葱、胡萝卜煸炒出香味。

❺ 放入番茄粒炒至番茄软烂出汤。

❻ 加入牛肉粒、牛肉高汤，烧开以后转小火，盖盖煮1小时。

❼ 盛出牛肉粒和适量汤汁，放入料理机搅拌成肉泥。

❽ 将肉泥倒回炒锅中，搅拌均匀，继续煮2分钟。

❾ 将婴儿意面按照包装说明时间煮熟。

❿ 捞出意面装盘，淋上适量番茄牛肉酱即可。

喂养贴士

需要炖煮时间比较长的辅食，一次多做一些，分批冷冻在冰箱里。吃的时候拿出来热透，再搭主食、蔬菜、水果等，新手爸妈也能从容应对宝宝的一餐辅食。

快速优雅地准备一餐宝宝面。番茄酸甜可口又开胃,牛肉喷香滋味浓郁。小家伙真给面子,吃完了还要吃。

烹饪秘籍

尽量选择比较熟的番茄,番茄的味道浓郁,做出来的酱也会比较好吃。取出要食用的量,剩余的酱汁密封冷冻保存。

第三章 9~12个月小手越来越灵活,吃饭越来越好

蔬菜小米软饭
软烂易吃的食物

⏱ 25分钟
👨‍🍳 简单

主料
小米25克 | 大米20克 | 藜麦5克
芋头10克 | 白萝卜10克 | 小油菜10克
泡发木耳5克

辅料
牛肉高汤250毫升

做法

❶ 将小米、大米、藜麦洗净，放入电饭锅。加入250毫升清水，选择煮饭功能煮成软饭。

❷ 白萝卜、芋头洗净、去皮，切成小粒。

烹饪秘籍
比较忙的时候，将所有食材全部放入电饭锅内直接煮成软饭，更省时省力。

❸ 木耳、小油菜洗净，切成碎末。

❹ 小锅内加入牛肉高汤煮沸，放入白萝卜、芋头、木耳小火煮软。

喂养贴士
关于吃饭，不要给宝宝太大压力，给宝宝一定的自由选择空间。吃饭是人的本能，只要别让宝宝产生抵触情绪，宝宝一定会热爱吃饭的。

❺ 加入适量软饭打散，煮至浓稠。

❻ 加入小油菜碎略煮1分钟，即可出锅。

小米为主,大米为辅,再加点藜麦和蔬菜。小小一碗软饭里面汇聚了好多好多的营养。煮成稠软的质地,宝宝自己吃也能成功舀起一大勺。

25分钟
简单

青菜鸡蛋烂面片
简简单单的家常味道

主料
小白菜20克 | 嫩豆腐20克
鸡蛋1/2个 | 馄饨皮40克

辅料
香油1毫升 | 清鸡汤300毫升

做法

❶ 小白菜洗净、切末,嫩豆腐切小粒,鸡蛋打散备用。

❷ 馄饨皮撕扯成适口的小块。

烹饪秘籍

馄饨皮软硬合适,扯大变薄之后更软烂适口。

❸ 小锅中加入清鸡汤煮开。

❹ 放入豆腐、馄饨皮煮熟。

喂养贴士
孩子的辅食不需要特别华丽复杂,很多宝宝反而更喜欢口味简单、做法简单的食物。

❺ 加入小白菜末煮软。

❻ 淋入蛋液煮至凝固。

❼ 起锅前滴入香油即可。

宝宝怎么没胃口了？试着做一做家常的烂面条、烂面片吧。虽然简单，却也是蛋白质、豆制品、青菜、主食一样都不少。

白玉肉丸面疙瘩

25分钟
简单

吃肉喝汤

主料
猪肉末50克 | 老豆腐30克
鸡蛋1/2个 | 小白菜30克
中筋面粉50克

辅料
淀粉1茶匙

做法

❶ 面粉加2汤匙清水和成面团，覆盖保鲜膜醒15分钟。

❷ 小白菜洗净，切碎备用。

烹饪秘籍

不要选高筋面粉，筋度太高，做成的面疙瘩太筋道，宝宝吃起来费劲。

❸ 将猪肉末、老豆腐、鸡蛋、淀粉放入料理机搅打成泥，盛出备用。

❹ 将面团揉匀，搓成长条，切粒，用拇指按压成面疙瘩片。

喂养贴士

添加了辅食的宝宝每日喝奶量下降到平均600毫升左右，奶是宝宝的主要水分来源，除了奶之外，每餐之间可以喝些白开水。

❺ 汤锅加清水烧开，放入面疙瘩煮熟。

❻ 将豆腐肉泥制成小丸子下入锅中，煮至浮起，继续煮3分钟。

❼ 放入小白菜碎再煮30秒即可。

肉丸鲜嫩有营养,面疙瘩软糯带点口感。肉丸、面疙瘩方便拿捏,方便入口,特别适合自主进食的小宝宝。

第三章 9～12个月小手越来越灵活,吃饭越来越好

西蓝花鸡肉小方糕

手指食物

⏱ 40分钟
👨‍🍳 简单

主料
鸡肉60克 | 西蓝花20克
鸡蛋1个 | 淀粉5克
黑芝麻粉1克

辅料
食用油1毫升 | 姜片1克

烹饪秘籍

小方糕的搭配很随意，肉类可以换成猪肉、牛肉、鱼肉等，蔬菜也可以选宝宝喜欢的品种。

做法

❶ 西蓝花洗净，掰成小朵，放入开水中汆烫至熟，捞出备用。

❷ 鸡肉切块，和姜片放入开水中汆烫30秒，捞出备用。

❸ 鸡蛋分离出蛋清和蛋黄。

❹ 将鸡肉、西蓝花、蛋清、淀粉、黑芝麻粉放入料理机打成肉泥。

❺ 玻璃保鲜盒底部垫烘焙纸，侧壁涂一层食用油防粘。

❻ 将西蓝花肉泥倒入保鲜盒内，抹平表面。

❼ 将蛋黄打散，慢慢倒在肉泥表面。

❽ 保鲜盒上扣一个盘子，放入蒸锅蒸20分钟，关火闷5分钟。

❾ 取出保鲜盒，倒扣脱膜，切成小块即可。

喂养贴士

1岁以前的宝宝吃饭时喜欢自己动手，宝宝这种动手的兴趣一旦错过了，以后可能就不太感兴趣自己吃饭了，需要喂饭的时间就会比较长。要多让宝宝尝试练习自主吃饭。

又好做又适合这个年龄段的宝宝食用，是能锻炼宝宝手指配合、锻炼咀嚼能力的手指食物。肉类辅食也可以做得软绵绵的，很好嚼。

第三章 9~12个月小手越来越灵活，吃饭越来越好

鲜虾豆腐饼
富含钙质

⏱ 30分钟
👨‍🍳 简单

主料
老豆腐80克 | 鲜虾仁20克
胡萝卜10克 | 生菜叶10克
鸡蛋1/2个 | 面粉20克

辅料
食用油1茶匙

烹饪秘籍

一定要选老豆腐,含水量少,补钙效果更好。

做法

❶ 胡萝卜去皮、切片,虾仁去虾线。

❷ 小锅中加清水烧开,放入生菜汆烫30秒,捞出控水备用。

❸ 依次放入胡萝卜片、虾仁、豆腐汆烫至熟,捞出控水备用。

❹ 将胡萝卜切成末、虾仁切碎、生菜切碎。

❺ 豆腐放入碗中压成豆腐泥。

❻ 在碗中加入胡萝卜、虾仁、生菜、鸡蛋、面粉拌匀。

❼ 将鲜虾豆腐泥用勺子团成乒乓球大小的球。

❽ 不粘锅加入食用油烧热,放入鲜虾豆腐球。

❾ 稍微压平表面,煎至两面金黄即可。

喂养贴士

钙是人体必需的营养元素,它与骨骼的健康密切相关,在构建、维持骨骼结构与强度中发挥着重要的作用。

因为是煎制的，小饼很香哦。里面嫩嫩的，鸡蛋和虾仁很提味。宝宝能把饭兜兜里的残渣都捡干净吃完了。

番茄奶酪蛋饼

⏱ 20分钟
👨‍🍳 简单

软软嫩嫩，味道好

主料
番茄30克 | 小油菜30克
鸡蛋1个 | 奶酪5克

辅料
食用油1/4茶匙 | 面粉10克

做法

❶ 番茄洗净、去皮，切成碎末。

❷ 小油菜洗净，汆烫至软，捞出切细末。

烹饪秘籍

番茄挑选比较熟的，酸酸甜甜的才好吃。

❸ 碗中加入鸡蛋打散。

❹ 放入番茄、小油菜、面粉、1汤匙清水拌匀。

喂养贴士

奶酪富含钙质，但是由于制作需要，往往都含有比较高的钠。购买的时候比对成分表，挑选钠含量低的奶酪。

❺ 不粘锅内刷食用油，烧热。

❻ 转小火，倒入蛋糊煎至底部凝固。

❼ 将奶酪掰碎撒在蛋饼上。

❽ 将蛋饼两面煎至金黄，出锅切块即可。

番茄和奶酪做蛋饼，味道超级棒，特别受宝宝的欢迎。番茄很神奇，好像是百搭的，和任何食材组合都是一道美味。

夹馅玉米粒小饼
香甜玉米粒

⏱ 25分钟
👨‍🍳 简单

主料
土豆50克 | 甜玉米粒30克
鸡肉20克 | 面粉15克
鸡蛋1个

辅料
食用油1/4茶匙 | 鸡高汤1汤匙
淀粉2克

做法

❶ 土豆洗净、去皮、切块，将土豆块放入蒸锅蒸熟。

❷ 甜玉米粒放入开水中汆烫30秒，捞出玉米粒，剥掉外皮。

❸ 鸡肉、鸡高汤、淀粉放入小料理机，搅打成稀肉泥，盛出备用。

❹ 将蒸熟的土豆块在碗中研磨成土豆泥。

❺ 在装土豆泥的碗中加入鸡蛋、面粉、玉米粒、1汤匙清水，拌匀成稀面糊状。

❻ 不粘锅内刷食用油烧热，倒入一半面糊。

❼ 转小火煎至一面凝固，在小饼中间抹上鸡肉馅。

❽ 在鸡肉馅上覆盖剩余面糊，煎至两面焦黄即可。

喂养贴士

给宝宝的辅食中适当增加软的小颗粒、需要咀嚼的食物。让宝宝学会咀嚼，锻炼口腔和脸部的肌肉。

简单又营养,香甜的玉米粒是好吃的秘密。这道主食里含有三种淀粉类食物,能给宝宝提供更多的营养。

烹饪秘籍

给玉米粒剥皮的时候趁热剥比较容易一些。玉米粒是这个小饼的灵魂,不建议省略。

一口小馄饨
特别可爱的造型

- 30分钟
- 简单

主料
鲜虾仁30克 | 胡萝卜30克
面粉5克

辅料
馄饨皮40克 | 清鸡汤300毫升

做法

❶ 虾仁洗净，挑去虾线。

❷ 胡萝卜洗净、去皮，切成小粒，蒸熟备用。

烹饪秘籍

吃不完的小馄饨放入保鲜盒，密封冷冻保存。

（左）

❸ 将虾仁、胡萝卜放入料理机搅打成泥。

❹ 将搅打好的虾肉胡萝卜泥倒入碗中，加入面粉拌匀。

❺ 将每个馄饨皮分切成4个小馄饨皮。

❻ 在小馄饨皮中心放入少许虾肉胡萝卜泥，包成小馄饨。

喂养贴士

宝宝吃饭的特点就是注意力时间短，一次吃不了多少，对于小宝宝来说，少量多餐是非常合适的方式。

❼ 小锅加适量清鸡汤烧开。

❽ 放入小馄饨煮熟即可。

小馄饨可是排在宝宝爱吃食物榜单上的大热食品。虾馅更是鲜味十足，加点胡萝卜不仅更营养，颜色也好看，是宝宝吃不腻的小馄饨。

全麦馒头
麦香扑鼻，安全自制

40分钟
简单

主料
中筋面粉200克 | 全麦面粉50克

辅料
酵母粉3克 | 白糖1茶匙

烹饪秘籍

1. 制作酵母水的水温不能高于40℃，水温太高就会把酵母烫死。
2. 揉面的时候如果粘手，可以加少许干面粉。

做法

❶ 小碗中加入125毫升温水，放入酵母粉、白糖混合成酵母水。

❷ 盆中放入中筋面粉、全麦面粉，倒入酵母水，用筷子搅拌成絮状。

❸ 将面絮揉合成光滑的面团。

❹ 将面团放回盆中，盆上覆盖保鲜膜，放在温暖处发酵至两倍大。

❺ 取出面团，放在料理台上不断揉面15分钟。

❻ 将揉好的面团分成6份，每份揉圆，搓成瘦高的馒头形状。

❼ 蒸锅加足量温水，馒头面坯底部垫烘焙纸，放入蒸屉内，静置发酵20分钟。

❽ 大火将水烧开，转中火蒸15~20分钟关火，焖5分钟后即可出锅。

喂养贴士

宝宝刚接触辅食时，会特别偏爱吃碳水化合物高的食物。淀粉类食物将为宝宝提供热量、维生素、矿物质，有些淀粉类食物还能提供膳食纤维。

自制大馒头光滑饱满有弹性,吃起来有嚼劲,有麦香回味。小宝宝可不管有没有可爱的造型,只是特别喜欢抱着大馒头啃,又磨牙又有成就感。

宝宝鱼丸

给喜爱海鲜的宝宝

⏱ 30分钟
👨‍🍳 简单

主料
龙利鱼150克 | 鸡蛋1个
西蓝花20克 | 淀粉15克

辅料
葱2克 | 姜2克

做法

❶ 西蓝花洗净，掰成小朵，放入开水中氽烫1分钟，捞出备用。

❷ 葱姜切成丝，放入小碗中，加30毫升清水泡成葱姜水。

烹饪秘籍

如果用手挤鱼丸，就在手上沾一点清水再挤，可以防止鱼泥沾到手上。

❸ 龙利鱼切成小块，鸡蛋分离出蛋清备用。

❹ 将龙利鱼、西蓝花、蛋清、淀粉、葱姜水放入料理机，搅打成鱼泥。

喂养贴士

宝宝还小，食量也小，所以要尽可能地注重辅食的质量，而不是数量。确保给宝宝的每一口食物都提供了很好的营养。

❺ 将鱼泥放入冰箱冷藏1小时。

❻ 锅中加足量清水烧开，关火。

❼ 用勺子将鱼泥制成小丸子滑入水中，直至做完全部鱼泥。

❽ 重新开火，小火将鱼丸煮至浮起后再煮3分钟即可。

原汁原味的鲜美鱼丸，用来做汤、煮面都很提鲜。小宝宝非常喜欢丸子类的辅食，圆滚滚的造型深受宝宝们的喜爱。

宝宝虾肉肠

零失败，无添加

⏱ 40分钟
👨‍🍳 简单

主料
鲜虾仁60克 | 鸡蛋1个
玉米淀粉5克

辅料
姜片1克

做法

❶ 鲜虾仁挑去虾线，加入姜片腌制10分钟。

❷ 鸡蛋分离出蛋清。

❸ 将虾仁、蛋清、淀粉放入料理机，搅打成细滑的虾泥。

❹ 将虾泥装入裱花袋。

❺ 把虾泥均匀挤入香肠模具中，盖上盖子。

❻ 蒸锅加足量清水，放入模具，大火烧开后，转中火蒸15分钟。

❼ 取出香肠模具，倒扣脱膜即可。

烹饪秘籍

去虾线的时候用牙签在虾背部中间的位置挑一下，一般都能挑出完整的虾线。虾腹部也有一根细细的虾线，也可以挑出来。

喂养贴士

尽可能为宝宝提供健康、营养、色彩丰富的食物，而不是清汤寡水的，或者高能量却没什么营养的"垃圾食物"。

材料简单,没加任何调味品,能吃出鲜虾的清甜味。又软又嫩,特别适合小宝宝消化吸收。吃饭的时候来一根,抓在手里慢慢吃。

第三章 9~12个月 小手越来越灵活,吃饭越来越好

山药鳕鱼饼
完全不腥的鱼肉饼

⏱ 30分钟
简单

这个小饼这么软嫩的秘诀就是加了山药。山药完全不会掩盖其他食物的鲜美味道，也是一款对付挑食宝宝的神器。

主料
铁棍山药80克 | 鳕鱼20克
胡萝卜20克 | 面粉15克
鸡蛋黄1个

辅料
食用油1/4茶匙 | 柠檬皮适量

烹饪秘籍
用柠檬皮腌制海鲜祛腥效果非常好。记得要放入冰箱腌制，更能保证食材的新鲜度。

做法

❶ 山药、胡萝卜洗净、去皮，放入蒸锅蒸熟。

❷ 取出山药，研磨成山药泥，胡萝卜切成碎末。

❸ 鳕鱼切成碎粒，放上柠檬皮，冷藏腌制30分钟。腌制完成后挑出柠檬皮不要。

❹ 将鳕鱼、胡萝卜、山药、面粉、鸡蛋黄、1汤匙清水放入碗中混合成稠粥状。

❺ 不粘锅内刷食用油，锅烧热后转小火。

❻ 将面糊用汤勺盛入不粘锅内，分别煎至两面焦黄即可。

喂养贴士
吃鱼和其他一些富含优质蛋白质的食物能够促进宝宝的健康成长，并且鱼类富含DHA，对宝宝大脑的发育格外有好处。

第四章

1～2岁 小大人一样，什么都想试一试

牛奶燕麦粥

⏱ 25分钟　🍳 简单

奶香十足

牛奶燕麦粥非常香，营养价值也高，作为粗粮，可以先从吃燕麦开始。宝宝也许更喜欢简单的美食，燕麦是越嚼越香的食物。

主料
燕麦片20克｜牛奶100毫升

烹饪秘籍
给宝宝选燕麦片最好选择成分单一、经过压制易熟的麦片。

做法

❶ 小汤锅内加入100毫升清水烧开。

❷ 放入燕麦片，不断搅拌至煮软。

❸ 倒入牛奶，小火煮2分钟。

❹ 将燕麦粥盛入小碗中即可。

喂养贴士
如果宝宝只喜欢喝奶，不喜欢其他食物，那么喝奶过多会导致其他食物摄入不足，从而影响营养的全面均衡。

讲解植物，享受美食。宝宝你知道吗？绿色的毛豆就是硬硬的黄豆小时候的样子哦。赶快尝尝，看看有什么不一样？

主料
大米30克 | 黄豆5克
毛豆粒10克

烹饪秘籍

豆子圆滚滚的，一定要煮至软烂再给宝宝吃。

喂养贴士
豆类含有丰富的叶酸和膳食纤维，是非常有益健康的一类食物。豆类中的钙还可以帮助宝宝增进骨骼健康。

豆豆粥
亲子豆粥
⏱ 30分钟
🍳 简单

做法

❶ 黄豆洗净，放入清水中，再放入冰箱冷藏浸泡至软。

❷ 大米洗净，放入电饭锅。

❸ 加入黄豆、毛豆、250毫升清水，选择煮粥程序。

❹ 将煮好的粥盛入碗中即可。

第四章 1~2岁小大人一样，什么都想试一试

干贝菜心粥

特别鲜美

⏱ 30分钟　　简单

无论什么原因，宝宝不爱吃饭，可以试试这碗粥。材料简单，味道鲜美，不加任何奇怪的食材，不会让宝宝"恐新"。

主料
大米30克｜干贝1个
菜心20克

辅料
香油1/4茶匙

烹饪秘籍
煮好的粥上淋点香油会更香。

做法

❶ 干贝洗净，用温水泡软，撕成细丝。菜心洗净、切末。

❷ 大米洗净，放入电饭锅中。

❸ 加入干贝、香油、250毫升清水，选择煮粥程序。

❹ 打开盖子，将菜心末放入煮好的粥中拌匀。

❺ 再次按下煮粥程序，开盖煮3分钟。

❻ 将煮好的粥盛入小碗中即可。

喂养贴士
宝宝在发育阶段会出现一种现象叫"食物恐新症"，即害怕没有吃过的食物。宝宝可能需要反复尝试很多次，才能接受新食物。

青菜香菇牛肉烩饭

⏱ 30分钟
🍼 简单

为自主进食的宝宝定制

这是1岁小宝宝的专属烩饭。好吃、简单、美味、丰盛。宝宝像小大人儿一样非要自己用勺子吃，一勺一勺，吃得可真好。

主料
大米30克 ｜ 藜麦5克
小米5克 ｜ 牛肉20克
香菇10克 ｜ 西蓝花10克
胡萝卜10克

辅料
清高汤150毫升 ｜ 淀粉2克

烹饪秘籍

主食中搭配少量的杂粮不会太影响口感。

喂养贴士
要坚持提供健康的食物，宝宝也许会有不喜欢吃的，允许宝宝不吃，但是宝宝餐盘里的饭菜一定都是营养的、健康的食物。

做法

❶ 大米、藜麦、小米洗净，放入耐高温的碗中。

❷ 在碗中加入120毫升清水，放入蒸锅中蒸成软饭。

❸ 香菇、西蓝花、胡萝卜洗净，切成末。

❹ 牛肉加淀粉，剁成肉末。

❺ 小锅中加入清高汤，放入牛肉末、香菇末、胡萝卜末煮软。

❻ 加入蒸好的软饭、西蓝花末拌匀，小火煮至浓稠即可。

第四章 1~2岁小大人一样，什么都想试一试

三文鱼菜花剪刀面

⏱ 25分钟
👨‍🍳 简单

补脑又营养

主料
三文鱼30克 | 菜花40克
面粉50克

辅料
食用油1/2茶匙 | 鲜奶油1汤匙
清鸡汤100毫升

做法

❶ 菜花洗净，切成小朵；三文鱼洗净，切块。

❷ 面粉放入小盆中，加2汤匙清水，揉成面团，封保鲜膜醒20分钟。

烹饪秘籍

面团一定要醒够时间才好吃。

❸ 再次将面团揉匀，用剪刀将面团剪成小面块。

❹ 汤锅加清水烧开，放入剪刀面、菜花煮熟，捞出备用。

喂养贴士

堆积如山的食物不但不吸引宝宝，可能还会产生压迫感，容易让宝宝还没有吃就决定放弃了。一次给宝宝少一点的饭量比较好，不够再添。

❺ 小锅加食用油烧热，放入三文鱼块煎香。

❻ 加入鲜奶油炒匀。

❼ 倒入清鸡汤煮沸。

❽ 加入剪刀面、菜花再次煮滚，即可出锅。

剪剪剪,小面鱼儿就做好啦。搭配西式口味的奶汁三文鱼,奶香浓郁,鲜美自然不在话下。

南瓜土豆软饭团

⏱ 30分钟
👨‍🍳 简单

软饭团也可以这样吃

主料
软米饭120克 | 南瓜50克
土豆20克 | 胡萝卜20克

辅料
食用油1茶匙 | 生抽1/4茶匙
黑芝麻碎1/2茶匙

做法

❶ 南瓜去皮，切成小块。土豆去皮，切成小粒。

❷ 胡萝卜去皮，切成厚片，用模具压出卡通造型。

烹饪秘籍

根据自己的喂养习惯，生抽可以加也可以不加。

❸ 炒锅加入食用油烧热，放入土豆粒炒香。

❹ 加入南瓜块翻炒片刻，加生抽调味。

喂养贴士

宝宝过早过量地摄入盐分，可能会一生都对盐产生偏好，并且钠摄入过多还会影响宝宝对锌的吸收，导致缺锌。高盐和高糖一样都容易上瘾，容易引起长远的健康问题。

❺ 加入100毫升清水和胡萝卜片，炖至蔬菜软烂。

❻ 将炒好的菜盛入餐盘中，软米饭捏成小饭团，分别放在炖菜上。

❼ 在米饭表面装饰黑芝麻碎即可。

大宝宝的花样可真多,就是喜欢直接吃白米饭。那就捏几个软饭团来吃吧,再炖个香喷喷的南瓜,连妈妈都喜欢这个味。

果干羊肉手抓饭

加点果干宝宝更爱吃

⏱ 40分钟
🍳 简单

主料
大米100克 | 羊腿肉60克
羊肥肉10克 | 胡萝卜40克
洋葱20克

辅料
盐1克 | 葡萄干5克

做法

❶ 胡萝卜洗净，去皮，切成丝；洋葱去皮，切丝；大米洗净；葡萄干洗净浮尘。

❷ 羊腿肉切小块，羊肥肉切小粒。

烹饪秘籍

胡萝卜丝多一点，煮出来的手抓饭颜色金黄，会比较好看。

❸ 炒锅中加入羊肥肉，小火炒出油。

❹ 加入羊腿肉块炒至金黄，盛出备用。

❺ 原锅加入胡萝卜丝、洋葱丝，小火炒软、炒香。

❻ 加入120毫升清水煮至沸腾，加盐调味。

喂养贴士

大部分小朋友在1~4岁会出现明显的挑食现象，如果不涉及生病或者其他营养方面的原因，家长大可以宽容地对待这件事。

❼ 电饭锅中放入大米、羊肉、葡萄干。

❽ 将炒锅中的胡萝卜洋葱丝及汤汁倒入电饭锅中，选择煮米饭程序煮熟即可。

新鲜出锅的羊肉手抓饭，香味四溢，不求正宗，只要宝宝爱吃就行。让白饭升格的美食，宝宝吃一次就爱得不得了。

蛤蜊星星意面

⏱ 25分钟
👨‍🍳 简单

试吃贝壳食物

主料
星星意面60克 | 蛤蜊100克
鲜奶油20毫升

辅料
黄油3克 | 盐0.5克 | 葱末2克
蒜末2克

做法

❶ 蛤蜊刷净外壳,清水浸泡2小时。

❷ 将蛤蜊放入沸水中汆烫至贝壳张开。

烹饪秘籍

1 煮蛤蜊之前一定要全部检查一遍,确保没有变质的蛤蜊。
2 取出的蛤蜊肉可以用清水再清洗一遍,虽然会损失鲜味,但是可以确保没有沙子。

❸ 捞出蛤蜊,取出蛤蜊肉,切成小粒。煮蛤蜊的水静置备用。

❹ 将意面放入沸水中,按照包装说明煮熟。

喂养贴士

第一次尝试的时候只给宝宝比较少的量,万一宝宝过敏,也不至于非常严重。尝试之后才能明确知道宝宝能不能吃。

❺ 同时炒锅中加入黄油融化,依次放入蒜末、葱末、蛤蜊炒香。

❻ 加入鲜奶油、2汤匙煮蛤蜊的水煮沸,加盐调味。

❼ 将意面捞入炒锅中,翻拌均匀即可出锅。

给宝宝成人般的待遇，试吃一盘蛤蜊意面，不过是宝宝专属的星星面。这样营养丰富的小星星，一上桌就把宝宝吸引住了。

宝宝浇汁拌面

⏱ 25分钟　🍳 简单

味道鲜美，做法简单

主料

细面条60克 | 鸡胸肉40克 | 胡萝卜20克
芹菜20克 | 泡发木耳10克

辅料

食用油1茶匙 | 生抽1/4茶匙 | 老抽1滴
小葱1克 | 淀粉6克

做法

❶ 鸡胸肉加2克淀粉，剁成肉末。

❷ 胡萝卜、芹菜、木耳、小葱分别洗净，切末。

❸ 炒锅中加入食用油烧热，放入小葱末、鸡肉末炒散。

❹ 加入所有菜末炒香，放入生抽、老抽调味。

❺ 加入150毫升清水烧开，将食材煮熟。

❻ 4克淀粉加1汤匙清水调成水淀粉，倒入锅中，搅拌均匀，关火备用。

❼ 另起小锅，加入清水烧开，下入面条煮熟。

❽ 将面条捞出，盛入碗中，浇上做好的鸡肉蔬菜卤即可。

喂养贴士

买菜的时候尽量挑选不同颜色的食材来搭配一日三餐。更丰富的色彩也说明宝宝能获得更丰富的营养。

做法简单快手，味道鲜美，宝宝肯定会爱上它。这么营养又美味的浇头一定会征服那个小小美食家的。

烹饪秘籍

水淀粉不一定要用完，勾芡后的状态既不要太稀也不要太浓稠就好了。

牛肉豆腐煎饼

⏱ 25分钟　简单

非常鲜嫩可口

这个牛肉饼简直太香啦，还没出锅就被香味勾搭得肚子饿了。小家伙迫不及待要吃，等等啊，吹一吹别烫着啦！

主料

牛肉100克 | 洋葱30克
老豆腐20克 | 香菇10克
鸡蛋1个 | 玉米淀粉15克

辅料

食用油2茶匙 | 生抽1/2茶匙

做法

❶ 牛肉、香菇、洋葱分别洗净、切块。

❷ 将所有主料食材放入料理机，搅打成肉泥。

❸ 在肉泥中加入生抽拌匀。

❹ 不粘平底锅加入食用油烧热，用勺子将肉泥做成小饼放入锅中。

❺ 一面煎定形后，翻面煎制，将两面煎至金黄即可。

烹饪秘籍

煎制小饼类食物使用不粘锅是比较好用的。

喂养贴士

在挑选食物时有一个小秘诀，通常颜色深的更营养，比如深色蔬菜比浅色蔬菜有营养。

丝瓜和豆腐一起炖得软烂，宝宝易吞食也好消化。木耳撕成小朵更好入口。菜品漂亮，味道香香，宝宝很爱吃哦。

丝瓜木耳炖豆腐
软烂好吃又补钙

⏱ 25分钟　👨‍🍳 简单

主料
豆腐50克 ｜ 丝瓜30克
泡发木耳10克
鸡高汤100毫升

辅料
食用油1/2茶匙
生抽1/4茶匙 ｜ 水淀粉1汤匙

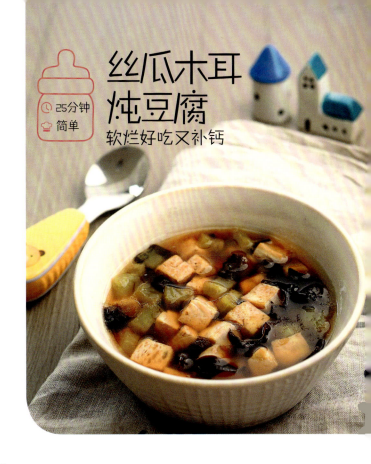

烹饪秘籍
除了太水嫩的豆腐不适合煎以外，别的豆腐都可以根据宝宝的喜好来购买。

做法

❶ 丝瓜洗净、去皮、切大粒。豆腐切大粒。木耳撕成小朵。

❷ 不粘锅加食用油烧热，放入豆腐煎至两面金黄。

❸ 放入丝瓜、木耳、生抽翻炒均匀。

❹ 加入鸡高汤煮滚，转小火，盖盖焖煮5分钟。

❺ 起锅前淋入水淀粉，再次煮开，即可盛出装盘。

喂养贴士
宝宝的日常饮食并不需要什么"高级"食物，平常菜市场、超市里面能买到的日常食物就很好。通过丰富的饮食，宝宝可以摄取所需的营养。

第四章　1~2岁小大人一样，什么都想试一试

鲜虾蔬菜蒸糕

⏱ 30分钟
👨‍🍳 简单

材料丰富，软嫩可口

主料
虾仁30克 | 胡萝卜30克
菠菜30克 | 鸡蛋1个

辅料
盐0.5克 | 淀粉10克

做法

❶ 胡萝卜洗净、去皮、切片，放入蒸锅蒸熟。

❷ 菠菜放入沸水中汆烫1分钟，捞出挤干水分。

烹饪秘籍

做蒸糕的时候一定要垫烘焙纸，垫了烘焙纸才能很方便地完整地脱膜。

❸ 将胡萝卜和菠菜切末；虾仁切末。

❹ 鸡蛋放入大碗中打散，加入淀粉、30毫升清水搅匀。

喂养贴士

宝宝的生长发育不是匀速的，在生长高峰期会吃得比较多，在生长缓慢期会吃得少。如果正好赶上宝宝生长发育减速的阶段，可能在一段时间内吃得相对少一点。在吃饭这方面，父母要会引导，也要懂得尊重宝宝，最好不要强迫。

❺ 在装有鸡蛋液的碗中加入蔬菜、虾仁和盐拌匀。

❻ 玻璃保鲜盒内垫烘焙纸，倒入拌好的鸡蛋液，表面覆盖保鲜膜。

❼ 将保鲜盒放入蒸锅内，中小火蒸20分钟，关火后焖5分钟。

❽ 取出保鲜盒，倒扣脱膜，切块即可。

小宝宝的时候就喜欢蒸糕，大一点了，依然可以给宝宝蒸。放上宝宝最喜欢的食材，蒸着吃真方便，还能最大限度地保留营养

鱼柳虾粒南瓜盏

30分钟 **简单**

鲜味十足，连碗都能吃

主料
贝贝南瓜1个 | 虾仁30克
龙利鱼柳30克 | 玉米粒30克
牛奶40毫升

辅料
面粉8克

做法

❶ 虾仁对半切开，龙利鱼柳切块。

❷ 南瓜洗净表面，放入蒸锅蒸10分钟。

烹饪秘籍

小南瓜内壁比较薄，小心别挖漏了。

❸ 取出南瓜，从1/3处完整地切去顶部。

❹ 去掉南瓜瓤，用勺子小心挖出部分南瓜肉。

❺ 将挖出的南瓜肉、玉米粒、牛奶、面粉放入料理机打成糊。

❻ 将南瓜糊放入汤锅中煮开，转小火煮至黏稠。

喂养贴士

越是保持食材原本的样子，保留下来的营养就越多。尽可能让宝宝认识食物本来的样子，尝到食物原本的风味。

❼ 放入虾仁、龙利鱼继续煮5分钟。

❽ 将煮好的浓汤倒回南瓜盏中即可。

人气超高的南瓜还能做什么呢?样子美美的南瓜盏一定要试一试。看着豪华又有噱头,其实特别简单。

番茄肉末土豆泥

⏱ 25分钟　👨‍🍳 简单

是菜也是饭

主料
猪肉末30克 | 番茄60克
土豆80克

辅料
食用油1/2茶匙 | 无盐黄油2克
生抽1/3茶匙 | 香菜梗3克
淀粉8克

做法

❶ 土豆洗净、去皮、切块，放入蒸锅蒸熟。

❷ 蒸熟的土豆内加入无盐黄油，压成细腻的土豆泥。

❸ 番茄去皮、切成丁。香菜梗洗净，切末。

❹ 小碗中放入淀粉，加1汤匙清水调成水淀粉。

❺ 炒锅加食用油烧热，放入肉末炒散。

❻ 加入番茄丁炒出红油，倒入200毫升清水烧开。

❼ 边搅拌边加入调好的水淀粉。

❽ 汤汁煮至浓稠状态时，加入生抽和香菜梗拌匀。

❾ 将土豆泥放入盘子中间，整理成圆形，淋上番茄肉末即可。

喂养贴士
主食可以包括白米白面、各种杂粮、豆类和薯类。土豆可以代替部分精米精面作为主食提供给宝宝。

这是特别受宝宝喜爱的中式土豆泥的做法，酱汁超级美味，土豆绵密细滑。满满一碗的土豆泥被酱汁包围着，看起来就很满足。

烹饪秘籍

土豆的品种有很多，购买煮熟后质地比较粉面的品种更好。

素炒三丝

加点高汤更美味

⏱ 25分钟
简单

素炒三丝是哪三素都没关系哦。简简单单的家常味道，营养全面，好吃看得见，味道特别棒。宝宝也要多吃蔬菜。

主料
土豆40克 | 胡萝卜30克
西葫芦20克

辅料
食用油1茶匙 | 盐0.5克
清鸡汤2汤匙

做法

❶ 土豆洗净、去皮，擦成丝，用清水冲洗掉表面的淀粉，控水备用。

❷ 胡萝卜洗净、去皮，擦成丝；西葫芦洗净，擦成丝。

❸ 炒锅加入食用油烧热，放入土豆丝、胡萝卜丝炒香。

❹ 加入清鸡汤和西葫芦丝煮1分钟。

❺ 起锅前加入盐调味即可。

烹饪秘籍

使用擦丝器会比用刀切更省事。西葫芦适合擦成粗丝。

喂养贴士

蔬菜主要为人体提供丰富的维生素、矿物质、膳食纤维等营养物质，是每天必不可少的食物。尽可能变着花样做蔬菜给宝宝吃吧。

新鲜的羊肉怎么做都好吃，尤其是做成丸子，又嫩又香。丸子汤里再加点白萝卜煮一煮，萝卜丝借着羊肉丸子的香气，宝宝也会喜欢吃的。

羊肉丸子汤

⏱ 30分钟　🍼 简单

肉菜合一

主料

羊肉末100克 | 白萝卜40克
鸡蛋1/2个

辅料

香油1茶匙 | 生抽1茶匙
白胡椒粉1/4茶匙 | 葱5克
姜3克 | 淀粉8克
香菜5克

烹饪秘籍

浸泡的葱姜丝用手揉搓几下，葱姜水的味道更充足。肉馅中只加葱姜水，葱姜舍弃不要。

喂养贴士

宝宝的大脑中有一个味觉记忆，是大量与饮食有关的感觉、经历和情绪。在吃饭时创造轻松快乐的气氛，给孩子更多愉快的记忆吧。

做法

❶ 葱姜切成丝，放入碗中，加30毫升温水浸泡10分钟。

❷ 白萝卜洗净，切成细丝；香菜洗净，切末。

❸ 大碗中加入羊肉末、鸡蛋、生抽、淀粉、白胡椒粉、香油拌匀。

❹ 羊肉馅内加入葱姜水，不断搅拌10分钟，拌至肉馅黏稠上劲。

❺ 锅内加入足量清水烧开，放入萝卜丝煮软。

❻ 调最小火，用勺子将羊肉馅整理成丸子的形状，下入锅中。

❼ 将丸子煮至全部浮起，再略煮几分钟，撒入香菜末即可出锅。

第四章　1～2岁小大人一样，什么都想试一试

儿童午餐肉
爱心自制

⏱ 25分钟
👨‍🍳 简单

主料
猪肉末250克 | 平菇50克
鸡蛋1个

辅料
食用油2茶匙 | 生抽1茶匙
玉米淀粉20克 | 面粉20克
红葱头10克 | 蒜10克 | 姜2克

做法

❶ 平菇洗净，撕成条；红葱头、姜、蒜切粒；鸡蛋分离出蛋清备用。

❷ 炒锅加入食用油烧热，放入红葱头、姜蒜爆香。

❸ 放入平菇炒至水分收干，加生抽炒香后盛出晾凉。

❹ 小碗中混合面粉、淀粉，加入40毫升清水拌匀。

❺ 将肉末、炒平菇放入料理机，搅打成细腻的肉泥。

❻ 将肉泥倒入大碗中，加入面粉水拌匀。

❼ 在肉泥中再加入鸡蛋清拌匀。

❽ 取一个玻璃保鲜盒，在内壁涂抹一层食用油。

❾ 将肉泥倒入保鲜盒内，压实抹平，表面覆盖一层烘焙纸。

❿ 蒸锅加足量清水，将保鲜盒放入蒸屉，大火烧开，转小火蒸40分钟。

⓫ 取出午餐肉，脱膜晾凉后切片即可。

喂养贴士

因为午餐肉主要是猪肉，不要让宝宝一次吃太多。要搭配蔬菜、主食一起食用，保持营养均衡。

市售的午餐肉含盐量高，不适合给小宝宝吃。在家自制低盐午餐肉，宝宝吃得安全，爸爸妈妈更放心。

烹饪秘籍

做好的午餐肉可以在冰箱冷藏一两天。如果做得比较多，需要保存的午餐肉要尽快切片，密封冷冻保存。

松软发糕
为宝宝制作主食

⏱ 25分钟
👨‍🍳 简单

主料
中筋面粉210克
小米面粉40克 ｜ 牛奶225毫升

辅料
酵母粉4克 ｜ 红枣6个

做法

❶ 红枣洗净、泡软，去核，切碎粒。

❷ 将面粉、小米面粉、酵母粉、红枣碎放入料理盆中。

 烹饪秘籍

蛋糕模具可以换成玻璃保鲜盒之类的其他耐高温容器。

❸ 加入牛奶，用筷子搅拌均匀。

❹ 6寸圆形蛋糕模具底部垫烘焙纸。

喂养贴士

淀粉类食物要占宝宝一天饮食中1/3的份额呢。其他食物包括与淀粉类同等份额的蔬菜水果，其中蔬菜的分量要大于水果的分量。剩下1/3是奶制品和蛋白质类食物。

❺ 将面糊倒入模具内，抹平表面。

❻ 蒸锅内加入足量温水，将模具放入蒸屉，盖盖，静置发酵至两倍大。

❼ 完成发酵以后，开大火，待水开以后蒸30分钟，关火闷5分钟即可取出。

发糕松软好吃,深得宝宝的喜爱。加点粗粮,加点红枣,加点牛奶,让营养加倍。给宝宝制作的发糕就是这么好吃。

云朵水饺
小巧可爱极了

- ⏱ 25分钟
- 👨‍🍳 简单

主料
面粉200克 | 猪肉末80克 | 虾仁40克
菠菜100克

辅料
香油1/2茶匙 | 生抽1茶匙 | 小葱段5克
姜丝3克

烹饪秘籍

吃到整粒的葱姜,是很多宝宝不喜欢的,做成葱姜水放到肉馅里,既可以增添味道,又吃不出来。

喂养贴士

有了宝宝的家庭真的需要一个大冰箱,周末的时候集中做一些饺子、馄饨、肉丸之类的半成品,放入冰箱冷冻起来,随吃随用,方便极了。

做法

❶ 面粉中分次加入100毫升清水,边加水边用筷子搅拌成絮状。

❷ 改用手揉成一个光滑的面团。覆盖保鲜膜,放置一旁醒发。

❸ 小葱段、姜丝放入小碗中,加入2汤匙清水做成葱姜水。虾仁剁成虾蓉。

❹ 将菠菜放入开水中汆烫30秒,捞出菠菜,挤干水分,切成末。

❺ 在大碗中放入猪肉末,分次加入葱姜水拌匀。

❻ 在肉馅中加入香油、生抽、虾蓉、菠菜末,拌匀备用。

❼ 将面团再次揉匀后,擀成大面片。用花朵模具压出小饺子皮。

❽ 在饺子皮中间放入适量肉馅,折起饺子皮,捏紧边缘,包成饺子。

❾ 汤锅加适量清水烧开,放入适量饺子煮熟即可。剩余饺子放入保鲜盒冷冻保存。

小小的蒜瓣大小的饺子，宝宝一口一个，吃得好极了。擀一张大面片，用个小模具就解决了擀饺子皮的麻烦，宝宝想吃多少有多少，都能包过来啦。

原汁鸡汤
给宝宝制作的高汤

- 25分钟
- 简单

宝宝的辅食太单调，味道太单一。可是宝宝也需要好味道才能下饭啊。将整只鸡的鲜味都蒸在里面的鸡汤，给宝宝做饭、烧菜都可以放一点，非常鲜美。

主料
柴鸡1只

辅料
姜片1克

烹饪秘籍

蒸鸡汤的鸡肉也别浪费了，嫩嫩的鸡肉可以撕下来，另外做其他辅食使用。

喂养贴士

鸡汤或者肉汤里面有钾和B族维生素，还有少量的氨基酸。宝宝虽然可以喝高汤，但是要少量喝，喝多了会影响对固体食物的胃口，反而造成营养不均衡了。

做法

① 整鸡剖洗净，剪去鸡屁股、鸡爪尖。鸡肚子内放入姜片。

② 将整鸡放入陶瓷炖盅内。

③ 蒸锅内加入足量清水烧开，放入炖盅。

④ 大火蒸10分钟后，转小火隔水蒸1.5小时。

⑤ 蒸好以后取出炖盅，过滤出鸡汤。

⑥ 将鸡汤分装在小保鲜盒内，放入冰箱冷冻保存。

第五章

2～3岁 好好吃饭，健康长大

番茄蛋包饭

新手爸妈也会做

⏱ 20分钟
👨‍🍳 简单

主料

米饭120克 | 虾仁30克 | 青椒20克
蘑菇20克 | 洋葱20克 | 鸡蛋1个

辅料

食用油1茶匙 | 黄油2克 | 盐0.5克
番茄酱2茶匙 | 白胡椒粉1/4茶匙

烹饪秘籍

煎蛋饼的不粘锅选稍微大一点的，蛋饼要足够包住炒饭为宜。

做法

❶ 虾仁、青椒、蘑菇、洋葱分别洗净，切小粒。鸡蛋打散。

❷ 不粘锅内加入食用油烧热，放入洋葱粒小火炒至焦香。

❸ 再放入虾仁炒变色，依次加入蘑菇粒、青椒粒炒熟。

❹ 放入米饭炒散，加白胡椒粉、盐调味。

❺ 加入番茄酱炒匀之后盛到碗中备用。

❻ 在干净的不粘平底锅内加入黄油融化，用厨房纸抹匀，倒入蛋液摊平成薄鸡蛋饼。

❼ 取出鸡蛋饼，在蛋饼中间小心扣入碗中的炒饭。

❽ 将蛋饼四周折起，包住炒饭，接口处向下放入餐盘即可。

喂养贴士

如果普通的炒饭吃腻了，包上蛋皮就是另外一道美食啦。家长多了一道食谱，宝宝也多了一种选择。

小孩子喜爱蛋包饭，无论什么样的炒饭只要做成蛋包饭，宝宝都二话不说就吃个精光。这款蛋包饭不但好吃，做法也超级简单。

缤纷米饭

⏱ 25分钟
👨‍🍳 简单

一饭一菜，一层一味。

主料

热米饭150克 | 牛油果1/2个
北极甜虾40克 | 鸡蛋1/2个

辅料

寿司醋1汤匙 | 食用油1/4茶匙
水淀粉1汤匙 | 盐1克
白糖3克

做法

❶ 热米饭中加入寿司醋，切拌均匀，盖上干净的厨房毛巾保温备用。

❷ 鸡蛋打散，加入水淀粉、盐、白糖拌匀。

❸ 不粘锅烧热，用厨房纸蘸少许食用油在锅内涂抹一遍，倒入蛋液，摊成薄鸡蛋饼。

❹ 盛出鸡蛋饼，稍微放凉后，卷起切成蛋皮丝，抖散备用。

❺ 小汤锅内加水烧开，放入北极甜虾煮30秒。

❻ 捞出北极甜虾，立即放入凉白开中降温，然后捞出沥水备用。

❼ 牛油果对半切开，去核，取出果肉，切成片备用。

❽ 取一个慕斯圈，在模具内填入1/3寿司米饭压平。

❾ 接着依次放入北极甜虾、1/3寿司米饭、牛油果片、1/3寿司米饭、蛋皮丝。

❿ 制作完成后，小心取下慕斯圈即可。

喂养贴士

宝宝大多喜欢缤纷的色彩，多彩的食物能够唤起宝宝的食欲，利用食材本身的颜色为宝宝制作色彩丰富的美食。

宝宝对饭菜的颜值有了自己的审美，饭菜做得好看，宝宝就肯多吃一点。一层一种食材，一层一种颜色，味道都很赞，真怕宝宝舍不得吃呢。

烹饪秘籍

寿司用的北极甜虾是可以生吃的，但是为了更安全，烫熟之后吃也很美味。

什锦肉粒盖浇饭
——一只游泳的海豚

⏱ 25分钟　👨‍🍳 简单

主料
热米饭150克 | 猪里脊40克 | 胡萝卜50克
土豆30克 | 山药20克 | 洋葱20克

辅料
食用油1茶匙 | 生抽1/2茶匙 | 盐0.5克
淀粉1/2茶匙

烹饪秘籍

将洋葱粒炒至焦糖色很必要，味道会好吃很多。

做法

❶ 胡萝卜、土豆、山药分别洗净，去皮，切成小丁。洋葱切末。

❷ 猪里脊放在砧板上切成块。

❸ 加入盐、淀粉，继续剁成粗粒。

❹ 不粘锅内加入食用油烧热，放入洋葱末炒至焦香。

❺ 加入猪肉粒炒干水分，加入生抽炒上色。

❻ 加入胡萝卜、土豆、山药继续翻炒出香味。

❼ 加入250毫升温水，中小火煮至汤汁浓稠，关火备用。

❽ 米饭用海豚模具在盘中扣出造型，把煮好的菜围在米饭周围即可。

喂养贴士

卡通饭团制作非常方便又简单快手，用各种模具压制成可爱的造型，轻易就吸引了宝宝的眼球，勾起了宝宝的食欲。

造型太可爱了,快将它吃到肚子里吧。拍张照片留下"两个小可爱"的样子。一点点小改变,仿佛能让饭菜的美味升级。

第五章 2~3岁好好吃饭,健康长大

鸡翅杂蔬焖饭

⏱ 25分钟
🍳 简单

一举两得

特别为宝宝制作的饭菜一锅出,大人省事,宝宝也吃得开心。米粒香软弹滑,吸足了鸡翅与蔬菜的香味,令人胃口大开。

主料

大米150克 | 鸡翅4个
番茄60克 | 胡萝卜30克
芹菜30克 | 洋葱20克
泡发木耳15克

辅料

食用油1/2茶匙 | 姜片2克
生抽1茶匙 | 白糖1/2茶匙

烹饪秘籍

没有鸡翅的时候,换成切碎的肉末也很好吃。

做法

❶ 鸡翅洗净擦干,用生抽、白糖、姜片腌制30分钟。

❷ 番茄洗净,切厚片。胡萝卜、芹菜、洋葱、木耳洗净,切细末。

❸ 不粘锅内加入食用油烧热,放入鸡翅煎至两面焦黄,盛出备用。

❹ 大米洗净,放入电饭锅,加入1倍量清水。

❺ 将蔬菜末、番茄片、鸡翅放在大米上。

❻ 选择正常煮饭模式,煮好以后闷5分钟即可。

喂养贴士

蔬菜焖饭比较容易,食材非常随机。各种颜色的蔬菜和肉类与米饭一起焖,省时省力,一锅炖煮是搞定一餐饭最有效率的方式。

在宝宝的日常饮食中穿插些幼儿园的题材。等宝宝上幼儿园后，总能吃到熟悉的味道，多开心啊。

番茄炒圆白菜
幼儿园吃过的那些菜

⏱ 25分钟　👨‍🍳 简单

主料
番茄80克 | 圆白菜100克

辅料
食用油1汤匙 | 小葱5克
番茄酱1茶匙 | 盐1克

烹饪秘籍

如果宝宝不喜欢番茄的外皮，可以汆烫后，将番茄去皮后再炒制。

做法

❶ 番茄洗净，去蒂，切块；圆白菜洗净，切短丝；小葱洗净，切末。

❷ 炒锅加入食用油烧热，放入葱末爆香。

❸ 放入番茄翻炒出红油。

❹ 放入圆白菜丝、番茄酱翻炒均匀。

❺ 加入1汤匙清水，将圆白菜丝炒软。

❻ 起锅前加盐调味即可。

喂养贴士

这个年龄的宝宝快要上幼儿园了，宝宝也要学习些技能啦，比如练习使用筷子。这样入园以后才能更轻松地吃饭。

第五章　2~3岁好好吃饭，健康长大

菠菜炒鸡蛋
宝宝爱上吃菠菜

- ⏱ 15分钟
- 👨‍🍳 简单

主料
菠菜200克 | 鸡蛋1个

辅料
食用油2茶匙 | 盐1克
大蒜3克

做法

❶ 汤锅内加入足量清水烧开，放入菠菜汆烫30秒。

❷ 将菠菜迅速放入冷水中降温，捞出菠菜，控干水分。

❸ 去掉根部，将菠菜切成2厘米长的段。

❹ 鸡蛋磕入碗中打散，加入0.5克盐拌匀。

❺ 不粘锅加入1茶匙食用油烧热，倒入蛋液滑散炒熟，捞出备用。

❻ 原锅加入1茶匙食用油，加蒜片炒香。

❼ 放入菠菜段和剩余的盐翻炒均匀。

❽ 加入鸡蛋翻拌均匀，即可出锅。

烹饪秘籍

嫩菠菜口感好，没有过多的纤维，宝宝吃起来更合适。

喂养贴士

草酸多的绿叶菜其实没几种。常见的有菠菜、苋菜、韭菜、木耳菜，还有苦涩的野菜。经过焯水之后能减少大部分草酸。

怎么才能让宝宝不讨厌吃菠菜？让宝宝爱吃菠菜的秘密就是要用炒的，配上鸡蛋，还要加点蒜片。爱上菠菜就这么简单。

第五章 2~3岁好好吃饭，健康长大

番茄滑鸡

嫩滑多汁

⏱ 30分钟　👨‍🍳 简单

主料
去皮鸡腿肉100克 | 番茄100克 | 洋葱30克
罗勒叶5克 | 清鸡汤200毫升

辅料
食用油1汤匙 | 盐1克 | 白糖3克
面粉1汤匙 | 白胡椒粉1/4茶匙
黑胡椒碎1/4茶匙 | 月桂叶1片

做法

❶ 番茄洗净，去皮，切粒；洋葱洗净，切末；鸡腿肉洗净，切块。

❷ 将鸡腿肉放入大碗中，加入少许盐、白胡椒粉、面粉抓匀备用。

❸ 不粘锅加2茶匙食用油烧热，放入鸡腿肉块，两面煎至金黄。

❹ 小汤锅中加入清鸡汤烧开，放入煎好的鸡腿块，盖盖，小火炖煮15分钟。

❺ 炒锅中加入1茶匙食用油烧热，放入洋葱末炒至焦黄透明。

❻ 放入番茄粒、剩余盐、白糖、黑胡椒碎炒成番茄酱。

❼ 将炒好的番茄酱加入煮鸡腿的锅中，放入月桂叶，小火炖煮至鸡腿肉软烂入味。

❽ 最后在锅中加入罗勒叶后即可出锅。

喂养贴士

让宝宝好好吃饭，父母需要的可不仅仅是营养知识就够了，还要有好厨艺，以及具备与吃相关的教导水平。其实吃饭也是一个教育问题。

无敌的酸甜番茄味，无敌的嫩滑鸡腿肉，一下子就被宝宝扫光了。茄汁味的肉类一直都是宝宝的最爱。

烹饪秘籍

鸡皮对宝宝来说有点不好嚼，将鸡腿去皮后再烹饪，宝宝更喜爱。

缤纷蔬菜炒肉丝

⏱ 25分钟
👨‍🍳 简单

小分量大营养

主料

猪里脊50克 | 绿豆芽50克 | 韭黄30克
青红椒30克 | 香菇30克 | 蛋清1/4个

辅料

食用油2茶匙 | 蚝油1茶匙 | 白糖1克
淀粉1茶匙 | 小葱5克 | 蒜3克

做法

❶ 绿豆芽掐头去尾，洗净；韭黄洗净，切段；青红椒洗净，切细丝；香菇洗净，切薄片。

❷ 小葱切末，蒜切片。将蚝油、白糖、1/2茶匙淀粉放入碗中调成碗汁。

❸ 猪里脊切细丝，放入碗中，加入蛋清、1/2茶匙淀粉、少许食用油抓匀。

❹ 锅内加足量清水烧开，将素菜放入水中汆烫20秒，捞出控水备用。

❺ 接着放入猪肉丝汆烫30秒，捞出控水备用。

❻ 炒锅加食用油烧热，放入小葱末、蒜片爆香。

❼ 保持大火，放入所有汆烫好的食材翻炒几下。

❽ 在锅中加入碗汁，快速炒匀即可出锅。

喂养贴士

不一定非要宝宝吃光盘子内所有的食物，这样可能会引起宝宝的反感，从而抗拒吃饭。而且饱了还要继续吃，也容易引起肥胖问题。

宝宝的胃容量小，为了能让宝宝饮食多样，就在小小的一份炒菜里面尽可能多地放入各种食材。让宝宝每一口都能吃到好食材。

烹饪秘籍

蔬菜汆烫的时间一定不要太长，软塌塌的既没有口感也没有颜值。

香煎酿肉西葫芦片

⏱ 30分钟
👨‍🍳 简单

补铁小菜

主料

西葫芦150克 | 牛肉末50克 | 鸡蛋1/2个
面粉15克

辅料

食用油1汤匙 | 香油1/4茶匙 | 蒜末3克
盐0.5克 | 白糖3克 | 白胡椒粉1/4茶匙
淀粉1汤匙

做法

❶ 大碗中放入牛肉末、蒜末、香油、盐、白糖、白胡椒粉拌匀备用。

❷ 小碗中磕入鸡蛋，放入面粉、1汤匙清水，拌匀成鸡蛋面糊。

❸ 西葫芦洗净，切成0.8厘米厚的片。

❹ 取一个直径大约一角硬币大小的圆形模具，将西葫芦片中间切出一个小圆洞。

❺ 用厨房纸巾擦干西葫芦片的水分，在西葫芦片表面裹上一层淀粉。

❻ 在西葫芦片中心酿满牛肉馅。在肉馅表面也裹上少许淀粉。

❼ 把酿馅西葫芦片放入鸡蛋面糊碗中，裹上薄薄一层面糊。

❽ 不粘锅加入食用油烧热，放入西葫芦片，中小火煎至两面金黄即可。

喂养贴士

家长可以更多地考虑如何做宝宝也可以吃的家庭食物。比如小煎饼几乎没有什么盐味，宝宝可以直接吃，大人可以蘸料汁吃。

变着花样给宝宝做牛肉吃,西葫芦与牛肉是完美的结合。裹着蛋液煎一煎,味道好极了。宝宝一口气吃五六个没问题。

烹饪秘籍

淀粉能使鸡蛋面糊牢牢地挂在西葫芦表面。

排骨芸豆汤

⏱ 70分钟
简单

全家共享

秋天干燥，宝宝也可以喝些汤水润燥，加了芸豆后，汤的鲜味提升了不止一点点哦。煮一锅汤水，宝宝可以和家人一起共享美食。

主料
排骨250克 | 芸豆50克

辅料
姜片5克 | 盐少许

做法

❶ 芸豆洗净，清水浸泡6小时至泡软。
❷ 排骨用流动水洗至没有血水。
❸ 排骨冷水下锅，大火煮开，撇去浮沫。

❹ 加入芸豆、姜片，烧开后转小火煮1小时左右。
❺ 出锅后盛出宝宝的分量，加少许盐调味即可。

烹饪秘籍

1 除了芸豆之外，还可以加入玉米粒一起煮汤。
2 芸豆可以提前一晚放入冰箱冷藏浸泡。

喂养贴士

家长在吃方面身体力行，与宝宝一起尝试新食物。全家人开开心心吃饭，宝宝就会比较愿意尝试新食物。

只有胡萝卜的浓汤味道不够好，只有玉米的浓汤嫌营养不够，将胡萝卜和玉米放在一起做的浓汤，完全满足了两方面的需要。

胡萝卜玉米浓汤

20分钟　简单

将营养浓缩在汤里

主料
胡萝卜50克 ｜ 甜玉米粒30克
清鸡汤200毫升
淡奶油15毫升

辅料
黄油5克 ｜ 洋葱10克
蒜2克 ｜ 盐1克

烹饪秘籍
因为量比较少，尽量使用比较小的锅，这样食材的量才能达到搅拌棒的刀头高度。

喂养贴士
每天都要吃多种蔬菜。无论是混着吃，还是分开吃，只要是吃了这些食物，都是好的。

做法

❶ 胡萝卜洗净，去皮，切小粒。洋葱、大蒜切末。

❷ 锅中加入黄油融化，放入洋葱末、蒜末炒香。

❸ 加入胡萝卜粒、玉米粒炒至变软。

❹ 在锅中加入鸡汤煮开，转小火煮15分钟。

❺ 使用手持电动搅拌器将胡萝卜、玉米粒打成细腻的浓汤。

❻ 锅中加入淡奶油煮滚2分钟，加盐调味即可。

第五章　2~3岁好好吃饭，健康长大

宝宝罗宋汤

⏱ 30分钟　🍳 简单

宝宝最爱喝的汤

主料
牛肉30克 | 番茄30克 | 土豆30克
胡萝卜20克 | 洋葱20克 | 圆白菜20克

辅料
黄油5克 | 番茄泥1茶匙 | 淀粉3克
盐1克

做法

❶ 土豆、胡萝卜洗净，去皮，切成小块。圆白菜洗净，切块。番茄、洋葱洗净，切成小粒。

❷ 牛肉和淀粉混合后，放在砧板上剁成粗粒。

❸ 不粘锅加入黄油融化。放入土豆、胡萝卜煎至微微焦黄，盛出备用。

❹ 原锅继续加入洋葱炒软。

❺ 加入番茄粒、番茄泥炒出红油。

❻ 加入适量清水烧开后，将番茄红汤倒入小汤锅中。

❼ 汤锅内加入土豆、胡萝卜、牛肉粗粒、圆白菜，转中小火煮15分钟。

❽ 煮好以后加入盐调味即可。

喂养贴士

宝宝的食物尽可能地少加盐，可以通过其他方式来增加口味。比如酸的番茄、自制蔬菜高汤、天然的香料香草、新鲜的海鲜、葱姜蒜等天然的调味品等。

酸酸甜甜的番茄味道是很多孩子的最爱。罗宋汤里面蔬菜丰富，还有补铁的牛肉，宝宝总能被这个浓郁香醇的味道吸引。

烹饪秘籍

1. 土豆、胡萝卜煎过之后煮汤，味道更好喝。
2. 将牛肉加淀粉剁碎后，能煮得更软嫩。

冬瓜虾仁芹菜羹

20分钟 简单

营养够，易消化

主料

冬瓜40克 | 鲜虾仁3个 | 蟹味菇20克
芹菜心20克

辅料

食用油1/2茶匙 | 姜片1克 | 淀粉3克
蛋清1个 | 盐1克

做法

❶ 冬瓜洗净，去皮，切小块。蟹味菇洗净，切小段。芹菜心切末。

❷ 淀粉加入1汤匙清水拌成水淀粉。

❸ 虾仁洗净，挑去虾线，切碎，放入蛋清中腌制10分钟。

❹ 炒锅中加入食用油，放入冬瓜、蟹味菇、姜片翻炒香。

❺ 炒锅中加入300毫升清水烧开，中小火煮5分钟。

❻ 将虾仁及蛋清液倒入锅中，用筷子迅速将蛋清划散。

❼ 放入芹菜心末煮1分钟，分次倒入水淀粉，煮至汤羹变黏稠。

❽ 最后加盐调味即可。

喂养贴士

虾肉味道鲜美，是很好的优质蛋白质的来源，含有多种维生素和铁等矿物质。

清爽嫩绿的一碗蔬菜汤羹，加了鲜虾仁后，补足蛋白质，增加鲜美等级。清淡不失滋味的汤羹宝宝也喜欢喝。

烹饪秘籍

加水淀粉的时候，分次倒入，边倒边搅拌，汤羹变得稍微有点稠度即可。

字母鸡蛋羹
餐桌上的游戏

- ⏱ 25分钟
- 👨‍🍳 简单

主料
鸡蛋1个

辅料
淡味生抽1/4茶匙

做法

❶ 鸡蛋磕入碗中打散。

❷ 在蛋液中加入2倍量的温水拌匀。

❸ 打好的蛋液用网筛过滤入蒸碗中。

❹ 在蒸碗上盖一个盘子。

❺ 蒸锅中加入适量清水烧热。

❻ 将蒸碗放入蒸锅中，水烧开后转中小火蒸10~15分钟。

❼ 取出鸡蛋羹，在表面上淋上淡味生抽。

❽ 用字母模具在蛋羹上压出字母的形状即可。

烹饪秘籍

打开的生抽放冰箱里冷藏保存，能更好地保存鲜味，给宝宝使用时也更安心。

喂养贴士

愉快地进食很重要，也要讲究方法。可以请宝宝一起来选餐具，一起参与制作过程。吃鸡蛋羹的时候，让宝宝自己选先吃掉A还是先吃掉B。

在宝宝的辅食中可没少出现鸡蛋羹的身影。鸡蛋羹的制作特别快手，口味也特别受宝宝欢迎。我们的宝宝也许已经认得几个字母了，就在餐桌上跟宝宝玩一个认字母的游戏吧。

第五章　2~3岁好好吃饭，健康长大

紫米饭团餐

一起吃粗粮

- 25分钟
- 简单

主料
大米80克 | 紫米20克
胡萝卜50克 | 虾仁50克

辅料
食用油1茶匙 | 盐0.5克
淀粉1茶匙

做法

❶ 大米、紫米清洗干净，放入电饭锅，加入1.5倍量清水，煮成紫米饭。

❷ 胡萝卜洗净，去皮，切成条。

❸ 虾仁洗净，对半剖开，撒上淀粉抓匀。

❹ 不粘锅内加入食用油烧热，放入虾仁炒至变色。

❺ 加入胡萝卜条炒香，加1汤匙清水，盖盖焖煮1分钟。

❻ 起锅时加盐调味。

烹饪秘籍

如果没有饭团模具，可以直接将紫米饭捏成圆饭团，一样很可爱的。

喂养贴士

宝宝身高和体重的发育，很大程度受饮食的影响。适合孩子年龄的均衡饮食搭配、合理的营养物质摄入，能够促进孩子的成长。

❼ 用饭团模具将紫米饭做成饭团，搭配胡萝卜虾仁食用即可。

别看是杂粮,紫米饭可是很美味的。紫米味道甘香,营养丰富,糯性好,做饭团很容易成形。给宝宝的主食多一点花样吧。

第五章 2~3岁好好吃饭 健康长大

刺猬饭团餐
愉快吃饭

⏱ 30分钟
👨‍🍳 简单

主料
软米饭150克 | 肉松10克
猪肉末50克 | 豆腐50克
韭黄30克 | 黄瓜50克

辅料
食用油1茶匙 | 香油1/3茶匙
蚝油1/2茶匙 | 白糖2克 | 盐1克
淀粉1茶匙 | 黑芝麻适量

做法

❶ 猪肉末加淀粉拌匀。韭黄择洗净，切1厘米的段。豆腐洗净，切粒。

❷ 炒锅内加入食用油烧热，放入猪肉末炒干水分。

❸ 加入蚝油、白糖翻炒均匀，加50毫升清水烧开。

❹ 将豆腐粒放入炒锅中，盖盖，小火炖10分钟。

❺ 出锅前加入韭黄炒匀。

❻ 黄瓜洗净，擦干，切成条，加入盐和香油拌匀。

❼ 取一小团蒸好的软米饭，捏成掌心大小的饭团。另做4个糖粒大小的饭团备用。

❽ 将饭团背面裹满肉松，正面粘上4个小饭团。用黑芝麻做刺猬的眼睛和鼻子。

❾ 将肉末炖豆腐、凉拌黄瓜、刺猬饭团摆入餐盘中即可。

喂养贴士

宝宝食欲不好的时候，就多重视食物的多样化和烹调方法，注意食物的形状和颜色搭配，尽量做得软硬合适，能做得漂亮可爱就更好了。

不用模具，随手就可以做出来的可爱饭团，多点心思，便多点饭桌上的可爱笑脸。有了表情的饭团好像在和宝宝打招呼呢。

烹饪秘籍

在手上沾少许白开水再捏饭团，就不会弄得满手都是米饭粒啦。

迷你幼儿园套餐
提前演练幼儿园生活

⏱ 30分钟
🍼 简单

烹饪秘籍

大米、小米在清水中浸泡30分钟,在米粒吸收水分后再蒸,饭就会比较好吃。

做法

❶ 大米、小米洗净,放入电饭锅,加入1.5倍量的清水蒸成二米饭。

❷ 龙利鱼柳擦干水分,切块,加入淀粉拌匀。

❸ 不粘锅加入1茶匙食用油,放入龙利鱼柳,小火煎熟。

❹ 加入白糖、醋、生抽,翻炒均匀,盛出。

❺ 西葫芦洗净,切片;香干切片。

❻ 炒锅加1茶匙食用油烧热,放入香干炒香,加入2汤匙清水将香干煮软。

❼ 水快收干时,加入西葫芦片炒熟,加少许盐调味,盛出。

❽ 小白菜洗净,切末。

❾ 小汤锅内加入清鸡汤烧开,放入小白菜末、少许盐,煮1分钟。

❿ 将蛋液淋入汤内,再次烧开,关火。

⓫ 将米饭、汤、做好的菜分别盛入餐盘即可。

喂养贴士

经常和即将上幼儿园的宝宝演练幼儿园的生活,做一餐和幼儿园伙食很像的饭,帮助宝宝熟悉即将开始的幼儿园生活。

主料
大米100克 | 小米20克
西葫芦50克 | 香干30克
龙利鱼柳50克 | 清鸡汤250毫升
小白菜50克 | 鸡蛋液25克

辅料
食用油2茶匙 | 盐1克
白糖1/2茶匙 | 醋1/2茶匙
生抽1/3茶匙 | 淀粉1茶匙

宝贝，我们来做游戏吧。让我们一起表演这样一幕剧：早上高高兴兴去上学，在幼儿园吃了好吃的午餐，放学准时看见爸爸妈妈在幼儿园门口等我。

小·肉龙
幼儿园美食

⏱ 30分钟
👨‍🍳 适中

主料
中筋面粉150克 | 牛奶95毫升 | 猪肉末100克

辅料
洋葱30克 | 生抽1茶匙 | 老抽1/4茶匙
香油1茶匙 | 酵母粉2.5克

做法

❶ 盆中放入面粉、酵母粉、牛奶，揉成光滑的面团。

❷ 面盆上覆盖保鲜膜，放在温暖湿润的地方发酵至2倍大。

❸ 将洋葱、生抽放入料理机搅打成泥。

❹ 在大碗中混合肉末、洋葱泥、老抽、香油。

❺ 将发酵好的面团排气，揉滋润后，擀成0.8厘米厚的正方形面片。

❻ 在面片上铺一层肉馅，四周各留1厘米的空白。

❼ 从一边将面片卷起成卷，把肉龙两边捏紧收口。

❽ 蒸锅中加入适量温水，笼屉上铺烘焙纸，放入肉龙，盖盖，静置发酵20分钟。

❾ 开火蒸肉龙，水开后中火蒸20分钟，关火焖5分钟，即可取出肉龙。

喂养贴士

1 一定要放到合适的温度，给宝宝吃带馅料的食物时要当心，不要让宝宝烫到。
2 像这样的食物都可以多做一些，冻在冰箱里，来不及做饭的时候，直接拿出来用微波炉或蒸锅加热，跟刚出锅时一样美味。

时间到！喧腾腾、白胖胖的小肉龙出锅喽。加了牛奶的面皮松软香甜，好吃又补钙，馅料肉香十足，鲜美多汁，是小朋友最爱的幼儿园美食。

烹饪秘籍

1 面皮不能擀得太薄，不然肉馅中的汤汁将面皮浸湿后，可能会蒸出坑洼洼的状态。
2 肉龙的接口处要向下放置。如果接口在表面，蒸出来就不好看了。

可爱造型馒头
可可味的小·蘑菇

⏱ 40分钟
👨‍🍳 适中

主料
中筋面粉150克 | 牛奶80毫升

辅料
色拉油3毫升 | 酵母粉1.5克
白糖15克 | 可可粉4克

做法

❶ 小碗中加入可可粉和10克白开水，拌匀后晾凉，备用。

❷ 在盆中混合中筋面粉、牛奶、色拉油、酵母粉和白糖，揉成一个光滑的面团。

❸ 将面团分成9份，其中8份整理成圆形面团，面团下方垫烘焙纸。

❹ 用刷子在面团表面刷一层可可溶液。静置10分钟，至表面风干。

❺ 剩余的一个面团再分成8份，整理成蘑菇柄的形状，放在温暖湿润的地方，发酵至表面轻按可以缓慢回弹的状态。

❻ 蒸锅加水烧开，放入蘑菇柄，中小火蒸10分钟，关火后闷5分钟后即可取出。

❼ 在蒸蘑菇柄的时候将蘑菇面团放在温暖湿润的地方，发酵至表面轻按可以缓慢回弹的状态。

❽ 将蘑菇面团开水上蒸锅，中小火蒸18分钟，关火后闷5分钟后即可取出。

❾ 在蘑菇馒头底部挖一个小洞，将蘑菇柄组装上即可。

喂养贴士

用面点给宝宝打造一个卡通世界，比如小兔子、小刺猬、水果、植物、卡通人物等，跟宝宝一起发现生活中点点滴滴的美好吧。

宝宝长大了，会对有颜值的食物更喜爱。将普通的面团改个造型，做个以假乱真的小蘑菇，也许不喜欢吃蘑菇的宝宝也会爱上蘑菇了。

烹饪秘籍

1 在面团底部垫烘焙纸可以很方便地挪动转移面团。
2 风干蘑菇面团的时候不需要覆盖保湿。

第五章 2~3岁好好吃饭，健康长大

花生酱拌面餐
简单快捷不失营养

⏱ 25分钟
👨‍🍳 简单

花生酱拌面特别香，宝宝很爱吃。怕营养不够吗？还有鸡腿和西蓝花呢。这一餐又简单又完美。只要提前做好准备，很快就可以开饭啦。

主料
儿童意面80克 | 鸡腿1个
西蓝花60克

辅料
香油1茶匙
无添加花生酱2茶匙
干香菇1朵 | 红枣2个
盐1克

做法

❶ 干香菇泡发；鸡腿洗净血水；西蓝花洗净，切成小朵。

❷ 将鸡腿、香菇、红枣、500毫升清水放入炖锅，选择煲汤功能。

❸ 汤快做好时，烧一锅开水，将儿童意面煮熟。

❹ 捞出意面，淋上花生酱。

❺ 在煮意面的水中加入香油，放入西蓝花煮熟。

❻ 捞出西蓝花摆在意面上，在炖好的鸡腿汤中加入盐调味即可。

烹饪秘籍
清炖类的菜一定要选特别新鲜的食材才能做出好味道。

喂养贴士
天气这么好，带着宝宝出去玩吧，可是回来之后还要给宝宝做饭，真是手忙脚乱啊。聪明的家长当然要早做准备。比如出门前就用电蒸锅蒸上鸡腿，电水壶里面烧好开水，面啊菜啊都准备好，放在灶台边，省一分钟是一分钟。

第六章

宝宝点心厨房 做给宝宝的健康加餐

自制酸奶水果冰棒

⏱ 15分钟
🍳 简单

健康水果酸奶加餐

酸奶和水果是非常美味的组合。两种食物都是健康的、优选的宝宝加餐小零食。只要有一套简单的冰棒模具,就能在家做超级美味健康的冰棒了。

主料
原味酸奶200毫升 | 香蕉1个
草莓2个

烹饪秘籍

1 也可以选其他宝宝喜欢的水果、谷物等放入酸奶中制作冰棒。
2 硅胶模具更容易脱膜,还有更多可爱的造型可以选择。

喂养贴士
酸奶可以提供非常容易被身体吸收的钙质、优质蛋白质、多种维生素和矿物质。相对于鲜奶而言,酸奶还不容易造成乳糖不耐受,不易过敏、更好消化。

做法

❶ 香蕉去皮。草莓洗净,擦干水分,去蒂。

❷ 将香蕉、草莓放入料理机中打成粗糙的泥。

❸ 把香蕉草莓泥放入酸奶中拌匀。

❹ 将拌好的酸奶分装入冰棒模具内,放入冰箱冷冻即可。

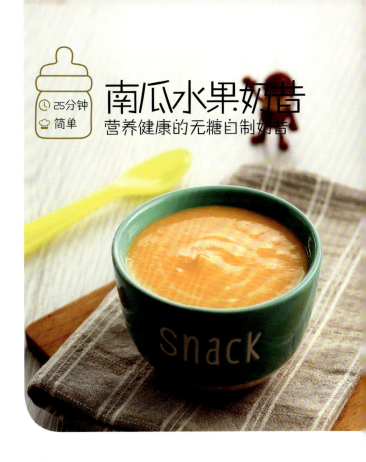

南瓜水果奶昔
营养健康的无糖自制奶昔

⏱ 25分钟　👨‍🍳 简单

南瓜和香蕉都是甜甜的，不加糖也很好喝。所有食材简单易得，营养美味。与宝宝一起制作美味的奶昔，享受愉快的亲子时光。

主料
南瓜100克 | 原味酸奶70毫升
苹果30克 | 香蕉30克

烹饪秘籍
视南瓜的品种，如果觉得打出的泥比较稠，可以加一些鲜牛奶或者配方奶来调节浓稠度。

喂养贴士
创造机会让宝宝与食物建立起互动。比如在制作奶昔时，可以让宝宝帮忙按一下按键，或者让宝宝一起把食材放入料理机中等。愉快的参与感能让宝宝发自内心地喜欢吃健康食物。

做法

❶ 南瓜洗净、去皮，切成小块。

❷ 将南瓜块放入蒸锅蒸熟，取出晾凉。

❸ 苹果洗净，去皮，切块；香蕉去皮，切块。

❹ 将南瓜、酸奶、苹果、香蕉放入料理机，打成细腻的泥即可。

樱桃奶酪蘸酱

⏱ 15分钟　简单

宝宝的手指食物蘸酱

樱桃是非常棒的辅食，颜色也漂亮。用很短的时间做出一个简单又营养的蘸酱，可以用来蘸手指食物吃，或是抹在面包片上，当作小小的加餐。

主料

樱桃200克 | 低盐奶酪15克

烹饪秘籍

1. 如果给比较小的宝宝吃，要注意奶酪的含盐量。
2. 樱桃这种水果比较容易磕坏，购买时要选择新鲜的、没有受伤的。

喂养贴士

即便是吃零食这件事上，也可以培养宝宝良好的饮食习惯，帮助宝宝吃得更好更健康，引导宝宝主动亲近好的食物，学会欣赏好的食物。

做法

❶ 樱桃洗净、擦干，去核。

❷ 将樱桃和奶酪放入小碗中，放入蒸锅蒸制。

❸ 将樱桃蒸至变软，奶酪完全融化。

❹ 将蒸好的樱桃连同汁水倒入料理机，打成樱桃奶酪泥即可。

亲手制作一份香甜的加餐，不输餐厅的手艺，包含浓浓的爱意。宝宝一定会说，这是全世界最好吃的松饼。

25分钟 简单

原味松饼
超级简单，孩子爱吃

主料
低筋面粉120克
牛奶80毫升 | 鸡蛋1个

辅料
黄油15克 | 细砂糖15克
无铝泡打粉4克

烹饪秘籍

1 面糊不必过多搅拌，没有颗粒就可以，以防起筋。
2 将面糊从高处缓慢倒入平底锅中，就可以形成很圆的形状了。

喂养贴士
愉快的吃饭记忆会伴随孩子一生。偶尔做一次甜美的加餐来点缀这份记忆吧。

做法

❶ 将低筋面粉与泡打粉混合过筛。黄油隔热水融化。
❷ 大碗中磕入鸡蛋打散。
❸ 在装蛋液的大碗中加入细砂糖、牛奶、黄油打匀。

❹ 接着放入过筛的面粉，用刮刀翻拌至没有面粉颗粒。
❺ 取一大勺面糊倒入不粘平底锅，开小火，盖盖煎制3分钟。
❻ 开盖，待底面上色后，翻面煎至松饼定形即可。

第六章 宝宝点心厨房做给宝宝的健康加餐

菠菜鸡蛋脆饼
绿色的薄脆饼

⏱ 25分钟
👨‍🍳 简单

主料
中筋面粉50克 | 植物油20毫升
菠菜50克 | 鸡蛋1个

辅料
牛奶10毫升 | 细砂糖10克

做法

❶ 汤锅中加入清水烧开,放入菠菜汆烫30秒,捞出菠菜切碎。

❷ 将菠菜放入料理机,加入1汤匙清水,搅打成菠菜泥。

烹饪秘籍

1 将裱花袋套在杯子上,更方便倒入面糊。
2 为了做出漂亮的绿色脆饼,挤入一点面糊就好,这样可以减少烘制的时间,能尽量保持翠绿的颜色。

❸ 鸡蛋磕入大碗中打散。

❹ 在大碗中加入面粉、植物油、牛奶、细砂糖,拌匀成为没有颗粒的面糊。

❺ 在面糊中加入1汤匙菠菜泥拌匀。

❻ 将面糊装入裱花袋中。

喂养贴士

从孩子生长发育的角度说,宝宝的胃口小,需要正餐以外的零食。挑选什么样的零食给宝宝吃,差别就很大了。能够自己制作零食,原料清清楚楚、明明白白,吃起来放心多了。

❼ 蛋卷机预热,挤入细杯口大小的面糊。

❽ 压制1分钟至面糊定形,取出晾凉。直至做完所有面糊。

宝宝的零食也要新花样。在小小的脆饼里面加入菠菜泥,不仅颜色好看,还能增加营养物质。脆脆的小饼做起来很简单,基本是零失败。

第六章 宝宝点心 厨房做给宝宝的健康加餐

小·米红枣饼
香香甜甜

⏱ 25分钟
👨‍🍳 简单

主料
小米35克 | 红枣2个

辅料
鸡蛋1个 | 食用油1/2茶匙

做法

❶ 小米清洗干净。红枣洗净，去核，切粒。

❷ 将小米、红枣放入碗中，加80毫升清水浸泡2小时。

烹饪秘籍

1 小米也可以洗干净后，在冰箱里浸泡过夜。
2 做煎饼尽量选用不粘锅，成功率就会很高啦。

❸ 将浸泡好的食材及水放入搅拌机打成细腻的糊。

❹ 鸡蛋磕入碗中打散，加入搅拌好的小米糊，混合均匀。

喂养贴士

吃过了小米饼的零食，等于宝宝提前吃了部分主食了，正餐中的主食就可以少吃点。

❺ 用厨房纸蘸少许食用油在不粘锅内均匀抹一层油。

❻ 中小火将锅烧热，倒入一大勺面糊，转动锅子，使面糊摊薄。

❼ 当面糊凝固、边缘翘起时，将饼对折，再略煎几秒钟定形后就可以盛出。

❽ 继续煎完剩余的面糊即可。

香甜软糯版的杂粮煎饼,因为加了红枣,味道甜丝丝的。现吃现做的煎饼外皮酥酥脆脆,里面却很绵软,宝宝特别喜欢。

第六章 宝宝点心厨房做给宝宝的健康加餐

山药红枣银耳糕

润肺养胃

⏱ 30分钟　👨‍🍳 简单

主料
铁棍山药80克 ｜ 泡发银耳30克
红枣3个

辅料
玉米淀粉15克 ｜ 鸡蛋1个

做法

❶ 汤锅内加入适量清水，放入银耳，中火煮30分钟，再加入红枣继续煮10分钟。

❷ 将煮好的银耳取出，沥干水分；红枣去皮，去核，切碎。

❸ 铁棍山药洗净，去皮，放入蒸锅蒸熟。

❹ 将山药、银耳、鸡蛋、玉米淀粉放入料理机搅打成泥。

❺ 在打好的山药银耳泥中加入红枣碎拌匀。

❻ 在玻璃容器内垫一张烘焙纸，倒入拌好的山药红枣银耳泥，抹平表面，盖一块纱布。

❼ 放入蒸锅蒸制，水开后中火蒸20分钟。

❽ 关火闷5分钟后，取出山药红枣银耳糕切块即可。

烹饪秘籍

1 在容器上覆盖纱布是为了防止水蒸气掉落在山药红枣银耳糕上，使用纱布或者保鲜膜都可以。
2 煮好的银耳尽量控干水分，水分太大，蒸出来的糕就很难成形。

喂养贴士

如果宝宝在正餐开始之前饿了，可以吃一些零食，但是不能吃太多。尽量把健康的食物作为零食。宝宝一旦养成吃健康食物的习惯，会受益终生。

宝宝一听到"糕"这个字就知道有好吃的啦。这个山药糕非常滋润,特别健康之处就是完全无油少糖,一点点甜味全部来自红枣肉。

蒸甜甜圈

⏱ 30分钟
👨‍🍳 简单

小·甜点，用蒸的

主料
铁棍山药100克 | 鸡蛋1个

辅料
柠檬汁1/2茶匙 | 蓝莓30克
配方奶粉5克 | 食用油1茶匙

做法

❶ 山药洗净，去皮，切块。

❷ 将山药、鸡蛋、一半量蓝莓、柠檬汁、配方奶粉放入料理机搅打成泥。

烹饪秘籍

1 一定要选择铁棍山药，如果使用的山药水分太大，不容易蒸成形。
2 山药糊搅打后的状态应该是浓稠的糊状。

❸ 甜甜圈模具内壁刷适量食用油。剩余蓝莓对半切开。

❹ 将山药糊倒入甜甜圈模具内，均匀点缀切好的蓝莓。

❺ 将模具包上耐高温保鲜膜，表面用牙签扎几个洞。

❻ 模具放入蒸锅，水开后中火蒸20分钟，关火后闷2分钟。

喂养贴士

现代人生活繁忙紧张，到处是随手可得的工业化零食。好的习惯可以养成，也真容易打破啊。一个小小的加餐零食既要漂亮，又要营养均衡，还要满足口感，全靠家长们的毅力啦。

❼ 出锅后倒扣脱模即可。

不需要打发,也不用发酵,却像蛋糕与面包一样好吃的辅食甜点。简单的蒸甜甜圈,营养高,口感松软,很适合宝宝吃。

第六章 宝宝点心厨房做给宝宝的健康加餐

紫薯仙豆糕
精致的紫薯甜点

⏱ 45分钟
简单

喂养贴士
显然光有营养知识已经不能满足宝宝啦，还要有点厨艺才能更好地满足宝宝的饮食需求。

外皮
低筋面粉75克 | 玉米淀粉25克 | 糖粉10克
淡奶油15毫升 | 无盐黄油（融化）25克
鸡蛋液25毫升

内馅
紫薯180克 | 炼乳10克 | 淡奶油10毫升
无盐黄油10克 | 儿童奶酪块15克

辅料
食用油1/2茶匙

做法

❶ 将外皮材料放入盆中和成面团。在盆上覆盖保鲜膜，醒发备用。

❷ 紫薯洗净，放入蒸锅蒸熟。取出紫薯，去掉外皮，压成泥。

❸ 在紫薯泥中加入炼乳、淡奶油、无盐黄油拌匀。

❹ 将紫薯泥分成每份30克的剂子。

❺ 在手掌中压扁紫薯馅，包入一块儿童奶酪块，团成球。

❻ 将外皮材料分成25克一个的剂子，擀成圆形面皮。

❼ 用外皮包住紫薯馅，收口捏紧，用刮板整理成正方形。

❽ 不粘平底锅加入食用油刷匀，烧热，间隔放入仙豆糕。

❾ 转小火慢煎至六面金黄即可。

仙豆糕里面放点奶酪，补钙又丰富口感。外皮脆脆的，奶香浓郁，特别推荐这款为宝宝制作的减糖版仙豆糕。

烹饪秘籍

1 为了适合宝宝的口味，外皮和内馅都减少了糖的分量。
2 内馅可以换成其他口味，比如红豆馅、绿豆馅、香芋馅等。
3 包面皮时，收口处多余的面团可以揪掉不用，以保证四周的面皮厚度一致。

宝宝版蛋黄酥
假装是一个蛋黄酥

⏱ 40分钟
👨‍🍳 简单

主料
红薯1个 | 紫薯1个

辅料
无盐黄油5克 | 奶酪粉5克
牛奶20毫升 | 黑芝麻1茶匙

做法

❶ 红薯和紫薯清洗净表皮，放入蒸锅蒸熟。

❷ 将蒸熟的红薯和紫薯去皮，分别压成泥。

❸ 取70克红薯泥，加入无盐黄油、奶酪粉混合均匀，分成4份，搓圆。

❹ 取50克紫薯泥，加入10毫升牛奶拌匀，分成4份，搓圆。

❺ 将红薯球压扁，包入紫薯球，收口，整理成圆形。

❻ 烤箱预热170℃，烤盘垫烘焙纸。

❼ 将做好的薯球放入烤盘，顶部刷少许剩余牛奶，撒上黑芝麻。

❽ 将烤盘放入烤箱，烤5分钟，烤至表面略微干燥即可。

烹饪秘籍

1 做蛋黄酥表皮的红薯也可以用土豆代替。
2 蛋黄酥的表面没有选择刷蛋黄液，而是换成了牛奶。因为没有生的食材，这样就可以放心地与宝宝一起制作了。

喂养贴士

制作宝宝的甜点需要家长的智慧，用健康食材做出更好的口味，即饱了宝宝的眼福，也满足了安全健康饮食的要求。

特别为宝宝定制的蛋黄酥,一样的颜值,更高的营养,更健康的选择。红薯与紫薯香甜可口,百吃不腻,满满都是爱。

第六章 宝宝点心厨房做给宝宝的健康加餐

系列图书

吃出健康系列

沙拉花园

能量果蔬汁

聪明宝宝营养辅食轻松做

好喝的粥

减脂轻食

蔬果沙拉

粗粮细做

像营养师一样吃晚餐

像女士一样吃早餐

滋补靓汤

主食沙拉

一煲好汤

一碗好粥

元气素食

低卡饱腹健康餐

多吃蔬菜身体好

沙拉与果蔬汁

轻食沙拉 纤体瘦身

24节气养生餐

沙拉与三明治

懒人下厨房系列

 西餐轻松做

 懒人下厨房

 烤箱料理

 好吃懒做

 懒人快手营养早餐

 懒人下面条

 花样烤箱料理 快捷 营养 美味

 懒人健康菜

家常美食系列

 米饭最佳伴侣

 米饭爱小炒

 烘焙情书

 好汤好菜

 意面和比萨

 不可一日无肉

 零失败家常菜

 回家吃饭

 一碗好酱 一桌好菜

 蒸炖煮一本全

 鱼 我所欲也

 原汁原味好吃蒸菜

 清粥小菜

 麻辣鲜香煲嘴川菜

 花样主食

 晚餐请吃七分饱

图书在版编目（CIP）数据

萨巴厨房. 0-3岁宝宝营养辅食全攻略 / 萨巴蒂娜主编. —北京：中国轻工业出版社，2019.6
ISBN 978-7-5184-2477-1

Ⅰ.①萨… Ⅱ.①萨… Ⅲ.①婴幼儿—食谱
Ⅳ.①TS972.12 ②TS972.162

中国版本图书馆CIP数据核字（2019）第089546号

责任编辑：高惠京　　责任终审：张乃柬　　整体设计：锋尚设计
策划编辑：龙志丹　　责任校对：李　靖　　责任监印：张京华

出版发行：中国轻工业出版社（北京东长安街6号，邮编：100740）
印　　刷：北京博海升彩色印刷有限公司
经　　销：各地新华书店
版　　次：2019年6月第1版第1次印刷
开　　本：720×1000　1/16　印张：12
字　　数：200千字
书　　号：ISBN 978-7-5184-2477-1　定价：49.80元
邮购电话：010-65241695
发行电话：010-85119835　传真：85113293
网　　址：http://www.chlip.com.cn
Email：club@chlip.com.cn
如发现图书残缺请与我社邮购联系调换
181363S1X101ZBW